零基础

成长为造价高手系列——

安装工程造价

主编 王晓芳 计富元

参编 陈巧玲 罗 艳 魏海宽

机械工业出版社

CHINA MACHINE PRESS

本书将造价员必须掌握的行业知识、专业内容与实际工作经验相结合,可以帮助刚入行人员与上岗实现"零距离",尽快入门,快速成为技术高手。

本书结合新定额与新清单及相关规范,按照专业工程造价的工作流程分步骤编排内容。将上岗基础知识、专业识图、工程造价计算、软件操作等内容按顺序编写,可帮助读者快速掌握造价相关专业内容,学会计算方法。

本书共分九章,内容主要包括造价人员职业制度、工程造价管理相关法律法规与制度、安装工程识图、安装工程施工、安装工程工程量计算、安装工程定额计价、安装工程清单计价、安装工程造价软件应用、安装工程综合计算实例。

本书既可作为相关培训机构的教材,也可供相关专业院校师生参考与使用。

图书在版编目(CIP)数据

安装工程造价/王晓芳,计富元主编.—北京:机械工业出版社,2020.5
(2022.7重印)
(零基础成长为造价高手系列)
ISBN 978-7-111-65065-2

Ⅰ.①安⋯ Ⅱ.①王⋯ ②计⋯ Ⅲ.①建筑安装–建筑造价
Ⅳ.①TU723.32

中国版本图书馆 CIP 数据核字(2020)第 041601 号

机械工业出版社(北京市百万庄大街22号 邮政编码100037)
策划编辑:张 晶 责任编辑:张 晶 范秋涛
责任校对:刘时光 封面设计:张 静
责任印制:常天培
天津翔远印刷有限公司印刷
2022 年 7 月第 1 版第 4 次印刷
184mm×260mm·12.5 印张·329 千字
标准书号:ISBN 978-7-111-65065-2
定价:49.00 元

电话服务   网络服务
客服电话:010-88361066   机 工 官 网:www.cmpbook.com
        010-88379833   机 工 官 博:weibo.com/cmp1952
        010-68326294   金 书 网:www.golden-book.com
封底无防伪标均为盗版   机工教育服务网:www.cmpedu.com

前　言

Preface

　　随着我国国民经济的发展，建筑工程已经成为当今最具活力的一个行业。民用、工业及公共建筑如雨后春笋般在全国各地拔地而起，伴随着建筑施工技术的不断发展和成熟，建筑产品在品质、功能等方面有了更高的要求。建筑工程队伍的规模也日益扩大，大批从事建筑行业的人员迫切需要提高自身专业素质及专业技能。

　　本书是"零基础成长为造价高手系列"丛书之一，结合了新的考试制度与法律法规，全面、细致地介绍了安装工程造价专业技能、岗位职责及要求，帮助工程造价人员迅速进入职业状态、掌握职业技能。

　　本书内容的编写，由浅及深，循序渐进，适合不同层次的读者。在表达上运用了思维导图，简明易懂、灵活新颖，重点知识双色块状化，杜绝了枯燥乏味的讲述，让读者一目了然。

　　本套丛书共五分册，分别为：《建筑工程造价》《安装工程造价》《市政工程造价》《装饰装修工程造价》《电气工程造价》。

　　为了使广大工程造价工作者和相关工程技术人员更深入地理解新规范，本书涵盖了新定额和新清单相关内容，详细地介绍了造价相关知识，注重理论与实际的结合，以实例的形式将工程量如何计算等具体内容进行了系统的阐述和详细的解说，并运用图表的方式清晰地展现出来，针对性很强，便于读者有目标的学习。

　　本书可作为相关专业院校的教学教材，也可作为培训机构学员的辅导材料。

　　本书在编写的过程中，参考了大量的文献资料。为了编写方便，对于所引用的文献资料并未一一注明，谨在此向原作者表示诚挚的敬意和谢意。

　　由于编者水平有限，疏漏之处在所难免，恳请广大同仁及读者批评指正。

编　者

C目录
ontents

第一章 造价人员职业制度

第一节 造价人员资格制度及考试办法

一、造价工程师概念

造价工程师是指通过全国统一考试取得中华人民共和国造价工程师职业资格证书，并经注册后从事建设工程造价业务活动的专业技术人员，如图 1-1 所示。

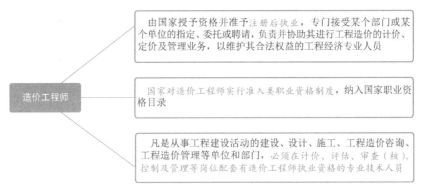

图 1-1　造价工程师概念

二、造价工程师职业资格制度

造价工程师分为一级造价工程师和二级造价工程师。由住房和城乡建设部、交通运输部、水利部、人力资源和社会保障部共同制定造价工程师职业资格制度，并按照职责分工负责造价工程师职业资格制度的实施与监管。

一级造价工程师职业资格考试全国统一大纲、统一命题、统一组织。二级造价工程师职业资格考试全国统一大纲，各省、自治区、直辖市自主命题并组织实施。一级和二级造价工程师职业资格考试均设置基础科目和专业科目。

（1）报考条件

1）凡遵守中华人民共和国宪法、法律、法规，具有良好的业务素质和道德品行，具备下列条件之一者，可以申请参加一级造价工程师职业资格考试，如图 1-2 所示。

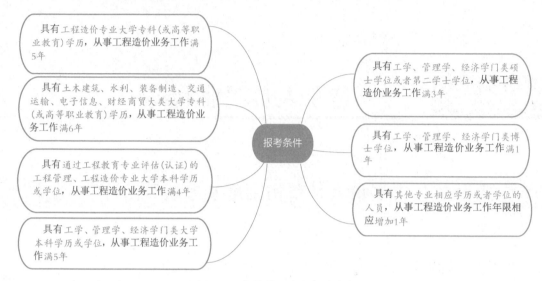

图 1-2　一级造价工程师报考条件

2）凡遵守中华人民共和国宪法、法律、法规，具有良好的业务素质和道德品行，具备下列条件之一者，可以申请参加二级造价工程师职业资格考试，如图 1-3 所示。

图 1-3　二级造价工程师全科报考条件

（2）关于造价员证书的规定

1）根据《造价工程师职业资格制度规定》，本规定印发之前取得的全国建设工程造价员资格证书、公路水运工程造价人员资格证书以及水利工程造价工程师资格证书，效用不变。

2）专业技术人员取得一级造价工程师、二级造价工程师职业资格，可认定其具备工程师、助理工程师职称，并可作为申报高一级职称的条件。

3）根据《造价工程师职业资格制度规定》，本规定自印发之日起施行。原人事部、原建设部发布的《造价工程师执业资格制度暂行规定》（人发〔1996〕77 号）同时废止。根据该暂行规定取得的造价工程师执业资格证书与本规定中一级造价工程师职业资格证书效用等同。

三、造价工程师职业资格考试

造价工程师职业资格考试专业科目分为土木建筑工程、交通运输工程、水利工程和安装工程四个专业类别，考生在报名时可根据实际工作需要选择其一。其中，土木建筑工程、安装工程专业由住房和城乡建设部负责；交通运输工程专业由交通运输部负责；水利工程专业由水利部负责。

一级造价工程师职业资格考试成绩实行4年为一个周期的滚动管理办法，在连续的4个考试年度内通过全部考试科目，方可取得一级造价工程师职业资格证书。二级造价工程师职业资格考试成绩实行2年为一个周期的滚动管理办法，参加全部2个科目考试的人员必须在连续的2个考试年度内通过全部科目，方可取得二级造价工程师职业资格证书。

一级造价工程师职业资格考试分4个半天进行。《建设工程造价管理》《建设工程技术与计量》《建设工程计价》科目的考试时间均为2.5小时，《建设工程造价案例分析》科目的考试时间为4小时（图1-4）。二级造价工程师职业资格考试分2个半天。《建设工程造价管理基础知识》科目的考试时间为2.5小时，《建设工程计量与计价实务》为3小时（图1-5）。

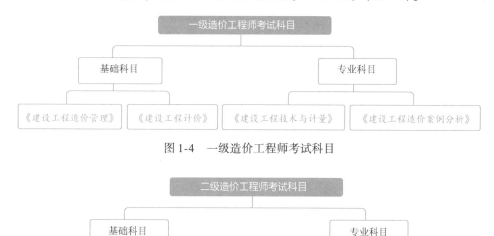

图1-4　一级造价工程师考试科目

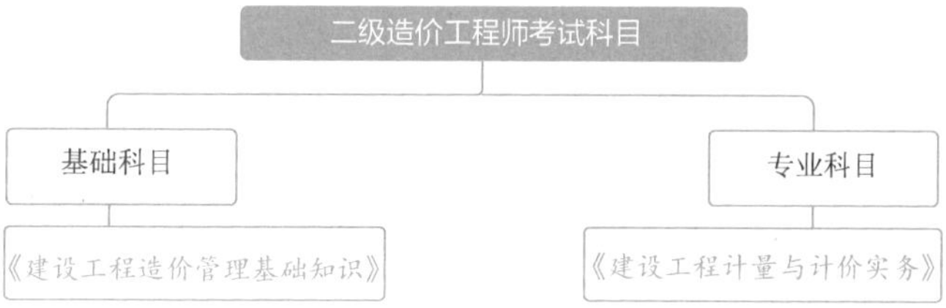

图1-5　二级造价工程师考试科目

1）具有以下条件之一的，参加一级造价工程师考试可免考基础科目，如图1-6所示。

2）具有以下条件之一的，参加二级造价工程师考试可免考基础科目，如图1-7所示。

图1-6　一级造价工程师考试可免考基础科目　　图1-7　二级造价工程师考试可免考基础科目

第二节 造价人员的权利、义务、执业范围及职责

一、造价人员的权利

造价人员的权利有以下几种，如图 1-8 所示。

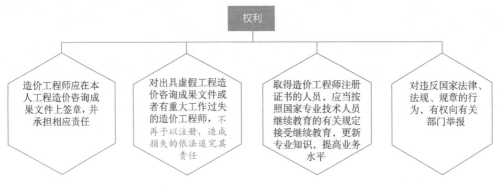

图 1-8 造价人员的权利

二、造价人员的义务

造价人员应履行的义务包括以下几种，如图 1-9 所示。

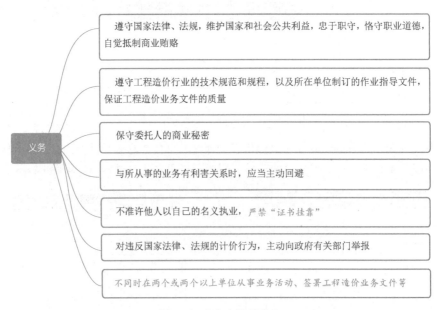

图 1-9 造价人员的义务

三、造价人员执业范围

1）一级造价工程师的执业范围包括建设项目全过程的工程造价管理与咨询等，具体工作内容如图 1-10 所示。

2）二级造价工程师主要协助一级造价工程师开展相关工作，可独立开展以下具体工作，如图 1-11 所示。

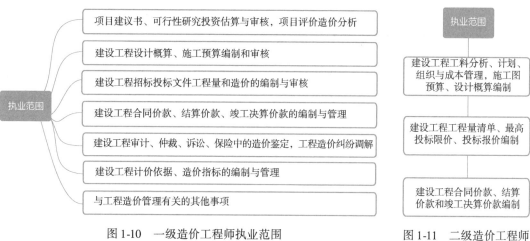

图 1-10　一级造价工程师执业范围

图 1-11　二级造价工程师执业范围

四、造价人员的岗位职责

造价人员的岗位职责如图 1-12 所示。

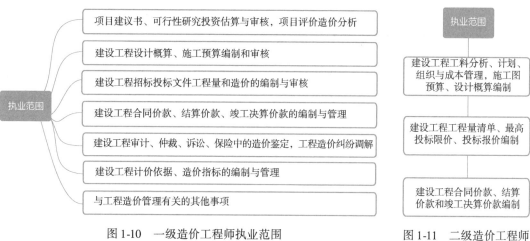

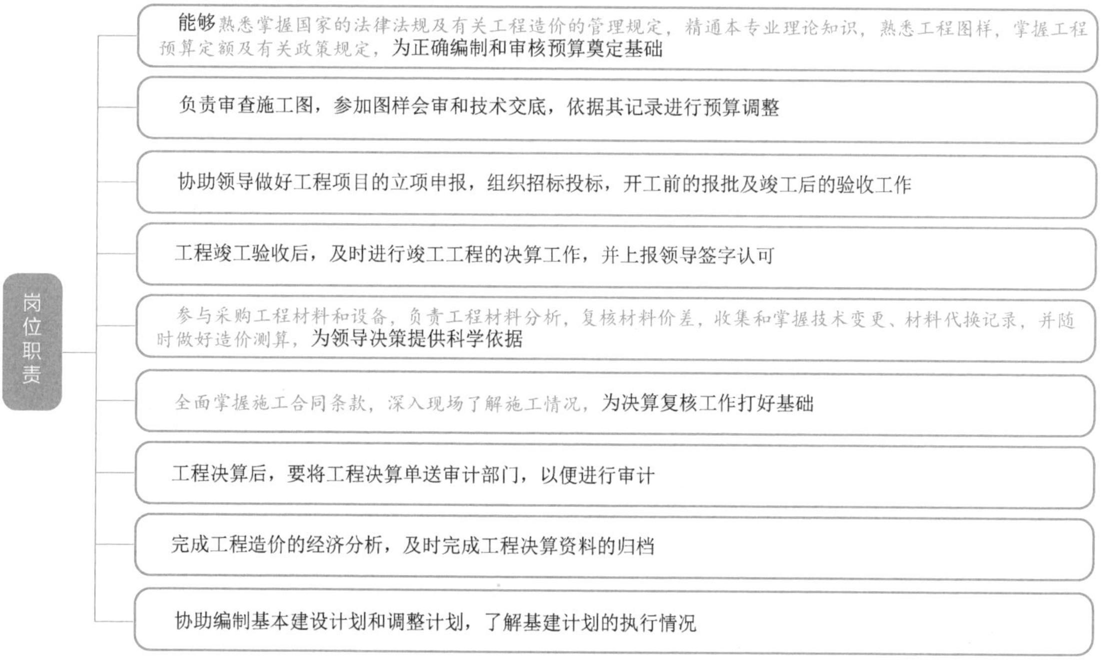

图 1-12　造价人员的岗位职责

第三节　造价人员的职业生涯

一、造价人员的从业前景

1）建筑工程行业发展迅猛，国家给予优惠政策，经济收益乐观，从事相关单位和人员技能水平要求高。

2）从事造价工程师的相关单位分布范围广，分土建、安装、装饰、市政、园林等造价工程师。企业人才需求量大，专业技术人员难觅。

3）考证难度高、通过率低，证书含金量颇高。

4）薪资待遇高，发展机会广阔。

5）造价工程师执业方向：

① 建设项目建议书、可行性研究投资估算的编制和审核，项目经济评价，工程概算、预算、结算、竣工结（决）算的编制和审核。

② 工程量清单、标底（或控制价）、投标报价的编制和审核，工程合同价款的签订及变更、调整、工程款支付与工程索赔费用的计算。

③ 建设项目管理过程中设计方案的优化、限额设计等工程造价分析与控制，工程保险理赔的核查。

④ 工程经济纠纷的鉴定。

二、造价人员的从业岗位

1）建设单位：预结算审核、投资成本测算、全过程造价控制、合约管理。

2）施工单位：预结算编制、成本测算。

3）中介单位：

① 设计单位：设计概算编制、可行性研究等工程经济业务等。

② 咨询单位：招标代理、预结算编审、全过程造价控制、工程造价纠纷鉴定。

4）行政事业单位：

① 财政评审机构：预结算审核、基建财务审核。

② 政府审计部门：基建投资审计。

③ 造价管理部门及教学、科研部门：行政或行业管理、教学教育、造价科研。

建设单位、施工单位、中介单位是造价人员就业的三大主体。除此之外，还有造价软件公司、出版机构、金融机构、保险机构、新媒体运营机构等。

第四节　造价人员的职业能力

一、造价人员应具备的职业能力

1. 专业技术能力

1）掌握识图能力，是对造价人员的基本要求。

2）熟悉工程技术，对施工工艺、软件运用等技术问题要熟悉，出现问题时能够及时处理。

3）掌握工程造价技能。

① 建设各阶段造价操作与控制能力。尤其是招标投标、合同价确定、合同实施、合同结算几个阶段的操控能力。

② 掌握造价计价体系能力。目前主要有两种计价方式：定额计价与清单计价。

③ 要有经济分析与总结能力。包括主要财务报表编制、依据财务报表进行相关经济技术评价、竣工结算后的固定资产结算财务报告等。

2. 语言、文字表达能力

作为造价人员，要用言简意赅、逻辑清晰的语言、文字把复杂的问题表达清楚。比如合同管理、概预算编审报告的编制、各类报告文件的草拟，均需要造价人员有较强的文字表达与处理能力。不仅为了让自己看明白，也能更好地传递给他人。

3. 与他人沟通、相处能力

在做好本职工作的同时，也要善于和他人沟通、相处。比如工程结算对账、工程造价鉴定和材料询价等工作需要与对方沟通、交流，达成一致意见。造价不是一个闭门造车的工作，沟通是处理问题最直接、最有效的方式。

二、造价人员职业能力的提升

造价人员职业能力的提升如图 1-13 所示。

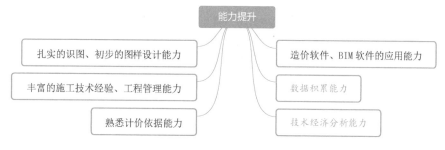

图 1-13　造价人员职业能力的提升

第五节　造价人员岗位工作流程

由于建设单位、施工单位和咨询单位等单位的工程实施阶段不同，其工作流程也不同，下面列举咨询单位造价人员岗位工作流程，如图1-14所示。

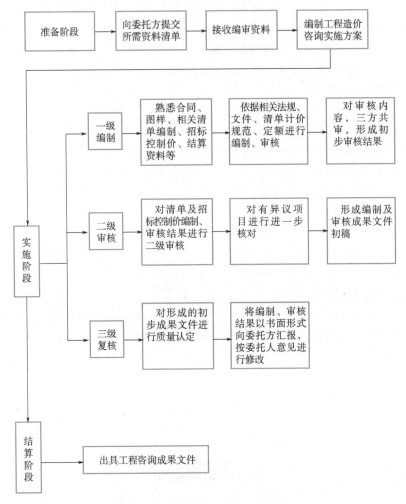

图1-14　造价人员岗位工作流程图

第二章　工程造价管理相关法律法规与制度

第一节　工程造价管理相关法律法规

一、建筑法

《中华人民共和国建筑法》主要适用于各类房屋建筑及其附属设施的建造和与其配套的线路、管道、设备的安装活动，但其中关于施工许可、企业资质审查和工程发包、承包、禁止转包，以及建筑工程监理、建筑工程安全生产和质量管理的规定，也适用于其他建设工程。

1. 建筑许可

建筑许可包括建筑工程施工许可和从业资格两个方面。

（1）建筑工程施工许可

1）施工许可证的申领。除国务院建设行政主管部门确定的限额以下的小型工程外，建筑工程开工前，建设单位应当按照国家有关规定向工程所在地县级以上人民政府建设行政主管部门申请领取施工许可证。按照国务院规定的权限和程序批准开工报告的建筑工程，不再领取施工许可证。

申请领取施工许可证，应当具备以下条件，如图2-1所示。

2）施工许可证的有效期限。建设单位应当自领取施工许可证之日起3个月内开工。因故不能按期开工的，应当向发证机关申请延期；延期以两次为限，每次不超过3个月。既不开工又不申请延期或者超过延期时限的，施工许可证自行废止。

3）中止施工和恢复施工。在建的建筑工程因故中止施工的，建设单位应当自中止施工之日起1个月内，向发证机关报告，并按照规定做好建设工程的维护管理工作。

建筑工程恢复施工时，应当向发证机关报告；中止施工满1年的工程恢复施工前，建设单位应当报发证机关核验施工许可证。

按照国务院有关规定批准开工报告的建筑工程，因故不能按期开工或者中

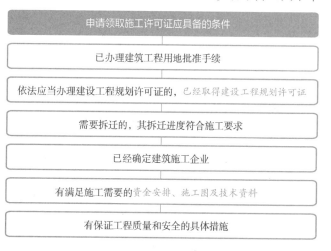

图2-1　申请领取施工许可证的条件

止施工的，应当及时向批准机关报告情况。因故不能按期开工超过6个月的，应当重新办理开工报告的批准手续。

（2）从业资格

1）单位资质。从事建筑活动的施工企业、勘察、设计和监理单位，按照其拥有的注册资本、专业技术人员、技术装备、已完成的建筑工程业绩等资质条件，划分为不同的资质等级，经资质审查合格，取得相应等级的资质证书后，方可在其资质等级许可的范围内从事建筑活动。

2）专业技术人员资格。从事建筑活动的专业技术人员应当依法取得相应的执业资格证书，并在执业资格证书许可的范围内从事建筑活动。

2. 建筑工程发包与承包

（1）建筑工程发包　建筑工程发包包括发包方式和禁止行为，其规定如图2-2所示。

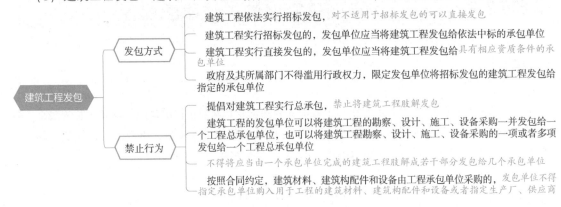

图2-2　建筑工程发包的规定

（2）建筑工程承包　建筑工程承包的规定如图2-3所示。

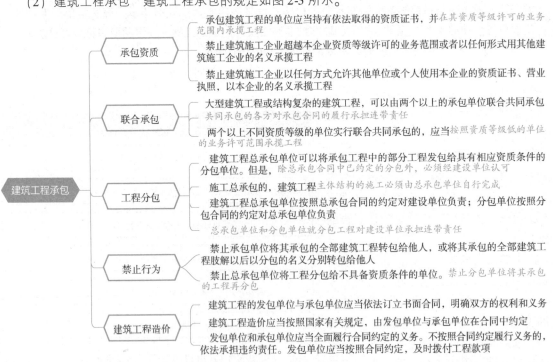

图2-3　建筑工程承包的规定

3. 建筑工程监理

国家推行的建筑工程监理制度如图2-4所示。

```
国家推行的建筑
工程监理制度
```

建筑工程监理是指具有相应资质条件的工程监理单位受建设单位委托，依照法律、行政法规及有关的技术标准、设计文件和建筑工程承包合同，对承包单位在施工质量、建设工期和建设资金使用等方面，代表建设单位实施的监督管理活动

实行监理的建筑工程，建设单位与其委托的工程监理单位应当订立书面委托监理合同

实施建筑工程监理前，建设单位应当将委托的工程监理单位、监理的内容及监理权限，书面通知被监理的建筑施工企业

工程监理单位应当根据建设单位的委托，客观、公正地执行监理任务

工程监理人员发现工程设计不符合建筑工程质量标准或者合同约定的质量要求的，应当报告建设单位要求设计单位改正；认为工程施工不符合工程设计要求、施工技术标准和合同约定的，有权要求建筑施工企业改正

图 2-4 建筑工程监理制度

4. 建筑工程安全生产管理

建筑工程安全生产管理应遵循以下规定，如图2-5所示。

建筑工程安全生产管理

必须坚持安全第一、预防为主的方针，建立健全安全生产的责任制度和群防群治制度

建筑工程设计应当符合按照国家制定的建筑安全规程和技术规范，保证工程的安全性能。建筑施工企业在编制施工组织设计时，应当根据建筑工程的特点制订相应的安全技术措施；对专业性较强的工程项目，应该编制专项安全施工组织设计，并采取安全技术措施

建筑施工企业应当在施工现场采取维护安全、防范危险、预防火灾等措施；有条件的，应当对施工现场实行封闭管理。施工现场对毗邻的建筑物、构筑物和特殊作业环境可能造成损害的，建筑施工企业应当采取措施加以保护

施工现场安全由建筑施工企业负责。实行施工总承包的，由总承包单位负责。分包单位向总承包单位负责，服从总承包单位对施工现场的安全生产管理。鼓励企业为从事危险作业的职工办理意外伤害保险，支付保险费

涉及建筑主体和承重结构变动的装修工程，建设单位应当在施工前委托原设计单位或者具备相应资质条件的设计单位提出设计方案；没有设计方案的，不得施工。房屋拆除应当由具备保证安全条件的建筑施工单位承担，由建筑施工单位负责人对安全负责

图 2-5 建筑工程安全生产管理制度

5. 建筑工程质量管理

建筑工程质量管理的制度如图2-6所示。

建筑工程质量管理

建设单位不得以任何理由，要求建筑设计单位或建筑施工单位违反法律、行政法规和建筑工程质量、安全标准，降低工程质量，建筑设计单位和建筑施工单位应当拒绝建设单位的此类要求

建筑工程的勘察、设计单位必须对其勘察、设计的质量负责。勘察、设计文件应当符合有关法律、行政法规的规定和建筑工程质量、安全标准，建筑工程勘察、设计技术规范以及合同的约定。设计文件选用的建筑材料、建筑构配件和设备，应当注明其规格、型号、性能等技术指标，其质量要求必须符合国家规定的标准。建筑设计单位对设计文件选用的建筑材料、建筑构配件和设备，不得指定生产厂、供应商

建筑施工企业对工程的施工质量负责。建筑施工企业必须按照工程设计图和施工技术标准施工，不得偷工减料。工程设计的修改由原设计单位负责，建筑施工企业不得擅自修改工程设计。建筑施工企业必须按照工程设计要求、施工技术标准和合同的约定，对建筑材料、构配件和设备进行检验，不合格的不得使用

建筑工程竣工经验收合格后，方可交付使用；未经验收或验收不合格的，不得交付使用。交付竣工验收的建筑工程，必须符合规定的建筑工程质量标准，有完整的工程技术经济资料和经签署的工程保修书，并具备国家规定的其他竣工条件

建筑工程实行质量保修制度，保修期限应当按照保证建筑物合理寿命年限内正常使用，维护使用者合法权益的原则确定

图 2-6　建筑工程质量管理制度

二、合同法

《中华人民共和国合同法》（以下简称《合同法》）中的合同是指平等主体的自然人、法人、其他组织之间设立、变更、终止民事权利义务关系的协议。

《合同法》中所列的平等主体有三类，即：自然人、法人和其他组织。

《合同法》的组成一般可分为总则、分则和附则，如图 2-7所示。

1. 合同的订立

当事人订立合同，应当具有相应的民事权利能力和民事行为能力。订立合同，必须以依法订立为前提，使所订立的合同成为双方履行义务、享有权利、受法律约束和请求法律保护的契约文书。

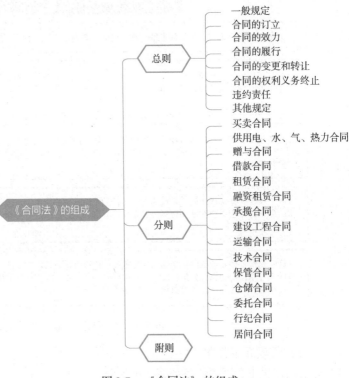

图 2-7　《合同法》的组成

当事人依法可以委托代理人订立合同。所谓委托代理人订立合同，是指当事人委托他人以自己的名义与第三人签订合同，并承担由此产生的法律后果的行为。

（1）合同的形式和内容

1）合同的形式。当事人订立合同，有书面形式、口头形式和其他形式。法律、行政法规规定采用书面形式的，应当采用书面形式。当事人约定采用书面形式的，应当采用书面形式。建设工程合同应当采用书面形式。

2）合同的内容。合同的内容是指当事人之间就设立、变更或者终止权利义务关系表示一致的意思。合同内容通常称为合同条款。

合同的内容由当事人约定，约定的条款如图2-8所示。

当事人可以参照各类合同的示范文本订立合同。

（2）合同订立的程序

1）要约。要约是希望和他人订立合同的意思表示。要约应当符合如下规定：

① 内容具体确定。

② 表明经受要约人承诺，要约人即受该意思表示约束。也就是说，要约必须是特定人的意思表示，必须是以缔结合同为目的，必须具备合同的主要条款。

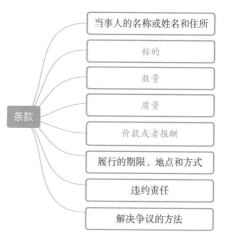

图 2-8　合同条款

*有些合同在要约之前还会有要约邀请。所谓要约邀请*是希望他人向自己发出要约的意思表示。要约邀请并不是合同成立过程中的必经过程，它是当事人订立合同的预备行为，这种意思表示的内容往往不确定，不含有合同得以成立的主要内容和相对人同意后受其约束的表示，在法律上无须承担责任。寄送的价目表、拍卖公告、招标公告、招股说明书、商业广告等都属于要约邀请。商业广告的内容符合要约规定的，视为要约。

要约的生效。要约到达受要约人时生效。如采用数据电文形式订立合同，收件人指定特定系统接收数据电文的，该数据电文进入该特定系统的时间，视为到达时间；未指定特定系统的，该数据电文进入收件人的任何系统的首次时间，视为到达时间。

要约的撤回和撤销。要约可以撤回，撤回要约的通知应当在要约到达受要约人之前或者与要约同时到达受要约人。

要约可以撤销。撤销要约的通知应当在受要约人发出承诺通知之前到达受要约人。但有下列情形之一的，要约不得撤销，如图2-9所示。

要约的失效。有下列情形之一的，要约失效，如图2-10所示。

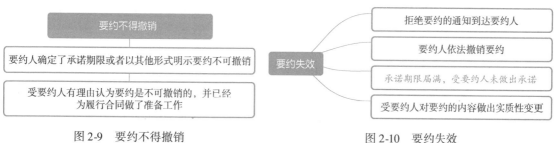

图 2-9　要约不得撤销　　　　　　图 2-10　要约失效

2）承诺。承诺是受要约人同意要约的意思表示。除根据交易习惯或者要约表明可以通过行为做出承诺的之外，承诺应当以通知的方式做出。

承诺的期限。承诺应当在要约确定的期限内到达要约人。要约没有确定承诺期限的，承诺应当依照下列规定到达：

① 除非当事人另有约定，以对话方式做出的要约，应当即时做出承诺。

② 以非对话方式做出的要约，承诺应当在合理期限内到达。

以信件或者电报做出的要约，承诺期限自信件载明的日期或者电报交发之日开始计算。信件未载明日期的，自投寄该信件的邮戳日期开始计算。以电话、传真等快递通信方式做出的要约，承诺期限自要约到达受要约人时开始计算。

承诺的生效。承诺通知到达要约人时生效。承诺不需要通知的，根据交易习惯或者要约的要求做出承诺的行为时生效。采用数据电文形式订立合同的，承诺到达的时间适用于要约到达受要约人时间的规定。

受要约人在承诺期限内发出承诺，按照通常情形能够及时到达要约人，但因其他原因承诺到达要约人时超过承诺期限的，除要约人及时通知受要约人因承诺超过期限不接受该承诺的以外，该承诺有效。

承诺的撤回。承诺可以撤回，撤回承诺的通知应当在承诺通知到达要约人之前或者与承诺通知同时到达要约人。

逾期承诺。受要约人超过承诺期限发出承诺的，除要约人及时通知受要约人该承诺有效的以外，为新要约。

要约内容的变更。承诺的内容应当与要约的内容一致。有关合同标的、数量、质量、价款或者报酬、履行期限、履行地点和方式、违约责任和解决争议方法等的变更，是对要约内容的实质性变更。受要约人对要约的内容做出实质性变更的，为新要约。

承诺对要约的内容做出非实质性变更的，除要约人及时表示反对或者要约表明承诺不得对要约的内容做出任何变更的以外，该承诺有效，合同的内容以承诺的内容为准。

（3）合同的成立　承诺生效时合同成立。

1）合同成立的时间。当事人采用合同书形式订立合同的，自双方当事人签字或者盖章时合同成立。当事人采用信件、数据电文等形式订立合同的，可以在合同成立之前要求签订确认书。签认确定书时合同成立。

2）合同成立的地点。承诺生效的地点为合同成立的地点。采用数据电文形式订立合同的，收件人的主营业地为合同成立的地点；没有主营业地的，其经常居住地为合同成立的地点。当事人另有约定的，按照其约定。当事人采用合同书形式订立合同的，双方当事人签字或者盖章的地点为合同成立的地点。

3）合同成立的其他情形，如图 2-11 所示。

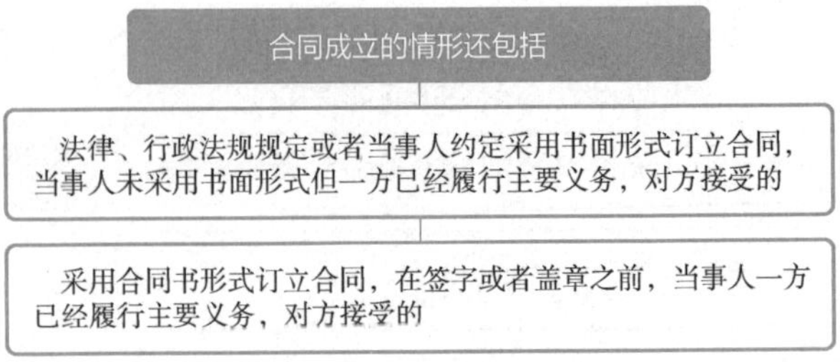

4）格式条款。格式条款是当事人为了重复使用而预先拟定，并在订立合同时未与对方协商的条款。

① 格式条款提供者的义务。采用格式条款订立合同，有利于提高当事人双方合同订立过程的效率，减少交易成本，避免合同

合同成立的情形还包括

法律、行政法规规定或者当事人约定采用书面形式订立合同，当事人未采用书面形式但一方已经履行主要义务，对方接受的

采用合同书形式订立合同，在签字或者盖章之前，当事人一方已经履行主要义务，对方接受的

图 2-11　合同成立的其他情形

订立过程中因当事人双方一事一议而可能造成的合同内容的不确定性。但由于格式条款的提供者往往在经济地位方面具有明显的优势，在行业中居于垄断地位，因而导致其拟定格式条款时，会更多地考虑自己的利益，而较少考虑另一方当事人的权利或者附加种种限制条件。为此，提供格式条款的一方应当遵循公平的原则确定当事人之间的权利义务关系，并采取合理的方式提请对方注意免除或者限制其责任的条款，按照对方的要求，对该条款予以说明。

② 格式条款无效。提供格式条款一方免除自己责任、加重对方责任、排除对方主要权利的，该条款无效。此外，《合同法》规定的合同无效的情形，同样适用于格式合同条款。

③ 格式条款的解释。对格式条款的理解发生争议的，应当按照通常理解予以解释。对格式条款有两种以上解释的，应当做出不利于提供格式条款一方的解释。格式条款和非格式条款不一致的，应当采用非格式条款。

5）缔约过失责任。缔约过失责任发生于合同不成立或者合同无效的缔约过程。其构成条件：一是当事人有过错，若无过错，则不承担责任；二是有损害后果的发生，若无损失，也不承担责任；三是当事人的过错行为与造成的损失有因果关系。

当事人订立合同过程中有下列情形之一，给对方造成损失的，应当承担损害赔偿责任，如图2-12所示。

当事人在订立合同的过程中知悉的商业秘密，无论合同是否成立，不得泄露或者不正当地使用。泄露或者不正当地使用该商业秘密给对方造成损失的，应当承担损害赔偿责任。

图 2-12　造成损失应承担损害赔偿的情形

2. 合同的效力

（1）合同的生效　合同生效与合同成立是两个不同的概念。合同成立是指双方当事人依照有关法律对合同的内容进行协商并达成一致的意见。合同成立的判断依据是承诺是否生效。合同生效是指合同产生的法律效力，具有法律约束力。在通常情况下，合同依法成立之时，就是合同生效之日，二者在时间上是同步的。但有些合同在成立后，并非立即产生法律效力，而是需要其他条件成就之后，才开始生效。

关于合同生效时间、附条件和附期限的合同的规定，如图2-13所示。

图 2-13　合同生效的规定

(2) 效力待定合同　效力待定合同是指合同已经成立，但合同效力能否产生尚不能确定的合同。效力待定合同主要是由于当事人缺乏缔约能力、财产处分能力或代理人的代理资格和代理权限存在缺陷所造成的。效力待定合同包括限制民事行为能力人订立的合同和无权代理人代订的合同。

1）限制民事行为能力人订立的合同。根据我国《民法通则》，限制民事行为能力人是指 10 周岁以上不满 18 周岁的未成年人，以及不能完全辨认自己行为的精神病人。限制民事行为能力人订立的合同，经法定代理人追认后，该合同有效，但纯获利益的合同或者与其年龄、智力、精神健康状况相适应而订立的合同，不必经法定代理人追认。

由此可见，限制民事行为能力人订立的合同并非一律无效，在以下几种情形下订立的合同是有效的，如图 2-14 所示。

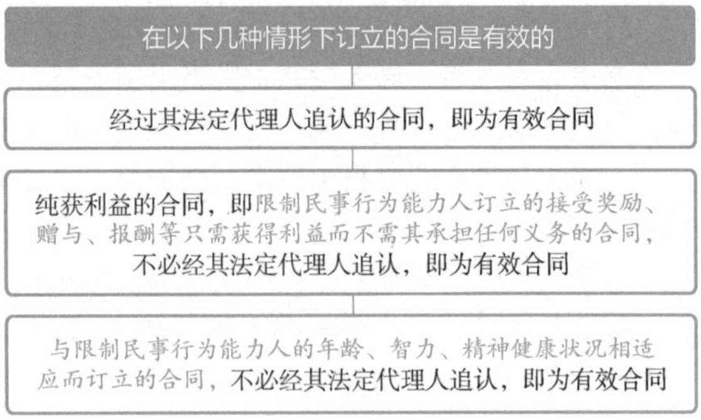

与限制民事行为能力人订立合同的相对人可以催告法定代理人在 1 个月内予以追认。法定代理人未做表示的，视为拒绝追认。合同被追认之前，善意相对人有撤销的权利。撤销应当以通知的方式做出。

2）无权代理人代订的合同。无权代理人代订的合同主要包括行为人没有代理权、超越代理权或者代理权终止后以被代理人的名义订立的合同。

① 无权代理人代订的合同对被代理人不发生效力的情形。行为人没有代理权、超越代理权或者代理权终止后以被代理人的名义订立的合同，未经被代理人追认，对被代理人不发生效力，由行为人承担责任。

图 2-14　合同有效的情形

在以下几种情形下订立的合同是有效的

经过其法定代理人追认的合同，即为有效合同

纯获利益的合同，即限制民事行为能力人订立的接受奖励、赠与、报酬等只需获得利益而不需其承担任何义务的合同，不必经其法定代理人追认，即为有效合同

与限制民事行为能力人的年龄、智力、精神健康状况相适应而订立的合同，不必经其法定代理人追认，即为有效合同

与无权代理人签订合同的相对人可以催告被代理人在 1 个月内予以追认。被代理人未做表示的，视为拒绝追认。合同被追认之前，善意相对人有撤销的权利。撤销应当以通知的方式做出。

无权代理人代订的合同是否对被代理人发生法律效力，取决于被代理人的态度。与无权代理人签订合同的相对人催告被代理人在 1 个月内予以追认时，被代理人未做表示或表示拒绝的，视为拒绝追认，该合同不生效。被代理人表示予以追认的，该合同对被代理人发生法律效力。在催告开始至被代理人追认之前，该合同对于被代理人的法律效力处于待定状态。

② 无权代理人代订的合同对被代理人具有法律效力的情形。行为人没有代理权、超越代理权或者代理权终止后以被代理人名义订立合同，相对人有理由相信行为人有代理权的，该代理行为有效。这是《合同法》针对表见代理情形所做出的规定。所谓表见代理是善意相对人通过被代理人的行为足以相信无权代理人具有代理权的情形。

在通过表见代理订立合同的过程中，如果相对人无过错，即相对人不知道或者不应当知道（无义务知道）无权代理人没有代理权时，使相对人相信无权代理人具有代理权的理由是否正当、充分，就成为是否构成表见代理的关键。如果确实存在充分、正当的理由并足以使相对人相信无权代理人具有代理权，则无权代理人的代理行为有效，即无权代理人通过其表见代理行为与相对人订立的合同具有法律效力。

③ 法人或者其他组织的法定代表人、负责人超越权限订立的合同的效力。法人或者其他组织的法定代表人、负责人超越权限订立的合同，除相对人知道或者应当知道其超越权限的以外，该代表行为有效。这是因为法人或者其他组织的法定代表人、负责人的身份应当被视为法人或者其

他组织的全权代理人，他们完全有资格代表法人或者其他组织为民事行为而不需要获得法人或者其他组织的专门授权，其代理行为的法律后果由法人或者其他组织承担。但是，如果相对人知道或者应当知道法人或者其他组织的法定代表人、负责人在代表法人或者其他组织与自己订立合同时超越其代表（代理）权限，仍然订立合同的，该合同将不具有法律效力。

④ 无处分权的人处分他人财产合同的效力。在现实经济活动中，通过合同处分财产（如赠与、转让、抵押、留置等）是常见的财产处分方式。当事人对财产享有处分权是通过合同处分财产的必要条件。无处分权的人处分他人财产的合同一般为无效合同。但是，无处分权的人处分他人财产，经权利人追认或者无处分权的人订立合同后取得处分权的，该合同有效。

（3）无效合同　无效合同是指其内容和形式违反了法律、行政法规的强制性规定，或者损害了国家利益、集体利益、第三人利益和社会公共利益，因而不被法律承认和保护、不具有法律效力的合同。无效合同自始没有法律约束力。在现实经济活动中，无效合同通常有两种情形，即整个合同无效（无效合同）和合同的部分条款无效。

1）无效合同的情形。有下列情形之一的，合同无效，如图 2-15 所示。

2）合同部分条款无效的情形。合同中下列免责条款无效，如图 2-16 所示。

免责条款是当事人在合同中规定的某些情况下免除或者限制当事人所负未来合同责任的条款。在一般情况下，合同中的免责条款都是有效的。但是，如果免责条款所产生的后果具有社会危害性和侵权性，侵害了对方当事人的人身权利和财产权利，则该免责条款不具有法律效力。

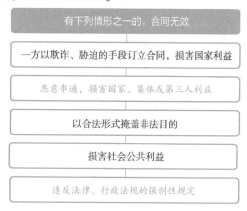

图 2-15　无效合同的情形

（4）可变更或者撤销的合同　可变更、可撤销合同是指欠缺一定的合同生效条件，但当事人一方可依照自己的意思使合同的内容得以变更或者使合同的效力归于消灭的合同。可变更、可撤销合同的效力取决于当事人的意思，属于相对无效的合同。当事人根据其意思，若主张合同有效，则合同有效；若主张合同无效，则合同无效；若主张合同变更，则合同可以变更。

1）合同可以变更或者撤销的情形。当事人一方有权请求人民法院或者仲裁机构变更或者撤销的合同，如图 2-17 所示。

图 2-16　合同部分条款无效的情形　　　图 2-17　合同可以变更或者撤销的情形

一方以欺诈、胁迫的手段或者乘人之危，使对方在违背真实意思的情况下订立的合同，受损害方有权请求人民法院或者仲裁机构变更或者撤销。

当事人请求变更的，人民法院或者仲裁机构不得撤销。

2）撤销权的消灭。撤销权是指受损害的一方当事人对可撤销的合同依法享有的、可请求人民法院或仲裁机构撤销该合同的权利。享有撤销权的一方当事人称为撤销权人。撤销权应由撤销权人行使，并应向人民法院或者仲裁机构主张该项权利。而撤销权的消灭是指撤销权人依照法律享有的撤销权由于一定法律事由的出现而归于消灭的情形。

有下列情形之一的，撤销权消灭，如图2-18所示。

```
有下列情形之一的，撤销权消灭
    │
    ├── 具有撤销权的当事人自知道或者应当知道撤销是由之日起1年内没有行使撤销权
    │
    └── 具有撤销权的当事人知道撤销事由后明确表示或者以自己的行为放弃撤销权
```

图2-18　撤销权消灭的情形

由此可见，应具有法律规定的可以撤销合同的情形时，当事人应当在规定的期限内行使其撤销权，否则，超过法律规定的期限时，撤销权归于消灭。此外，若当事人放弃撤销权，则撤销权也归于消灭。

3）无效合同或者被撤销合同的法律后果。无效合同或者被撤销的合同自始没有法律约束力。合同部分无效、不影响其他部分效力的，其他部分仍然有效。合同无效、被撤销或者终止的，不影响合同中独立存在的有关解决争议方法的条款的效力。

合同无效或被撤销后，履行中的合同应当终止履行；尚未履行的，不得履行。对当事人依据无效合同或者被撤销的合同而取得的财产应当依法进行如下处理，如图2-19所示。

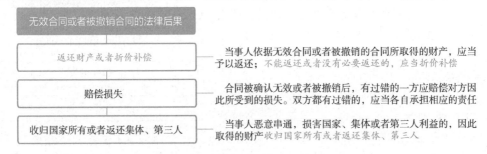

图2-19　无效合同或者被撤销合同的法律后果

3. 合同的履行

合同履行是指合同生效后，合同当事人为实现订立合同欲达到的预期目的而依照合同全面、适当地完成合同义务的行为。

（1）合同履行的原则

1）全面履行原则。当事人应当按照合同约定全面履行自己的义务，即当事人应当严格按照合同约定的标的、数量、质量，由合同约定的履行义务的主体在合同约定的履行期限、履行地点，按照合同约定的价款或者报酬、履行方式，全面地完成合同所约定的属于自己的义务。

全面履行原则不允许合同的任何一方当事人不按合同约定履行义务，擅自对合同的内容进行变更，以保证合同当事人的合法权益。

2）诚实信用原则。当事人应当遵循诚实信用原则，根据合同的性质、目的和交易习惯履行通知、协助、保密等义务。

诚实信用原则要求合同当事人在履行合同过程中维持合同双方的合同利益平衡，以诚实、真诚、善意的态度行使合同权利、履行合同义务，不对另一方当事人进行欺诈，不滥用权利。

诚实信用原则还要求合同当事人在履行合同约定的主义务的同时，履行合同履行过程中的附随义务，如图 2-20 所示。

（2）合同履行的一般规定

1）合同有关内容没有约定或者约定不明确问题的处理。合同生效后，当事人就质量、价款或者报酬、履行地点等内容没有约定或者约定不明确的，可以协议补充；不能达成补充协议的，按照合同有关条款或者交易习惯确定。

依照以上基本原则和方法仍不能确定合同有关内容的，应当按照下列方法处理，如图 2-21 所示。

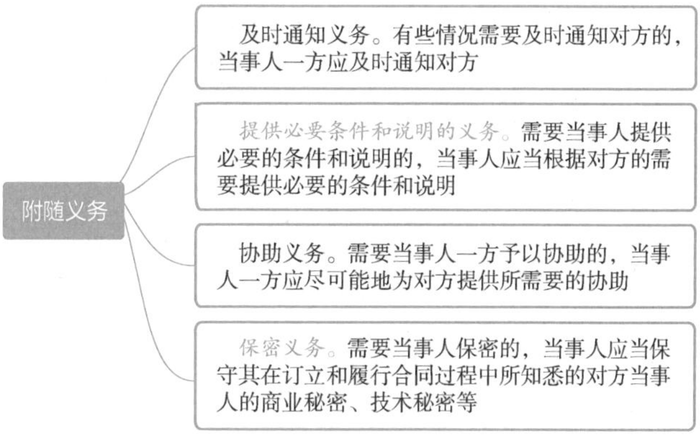

图 2-20　随附义务

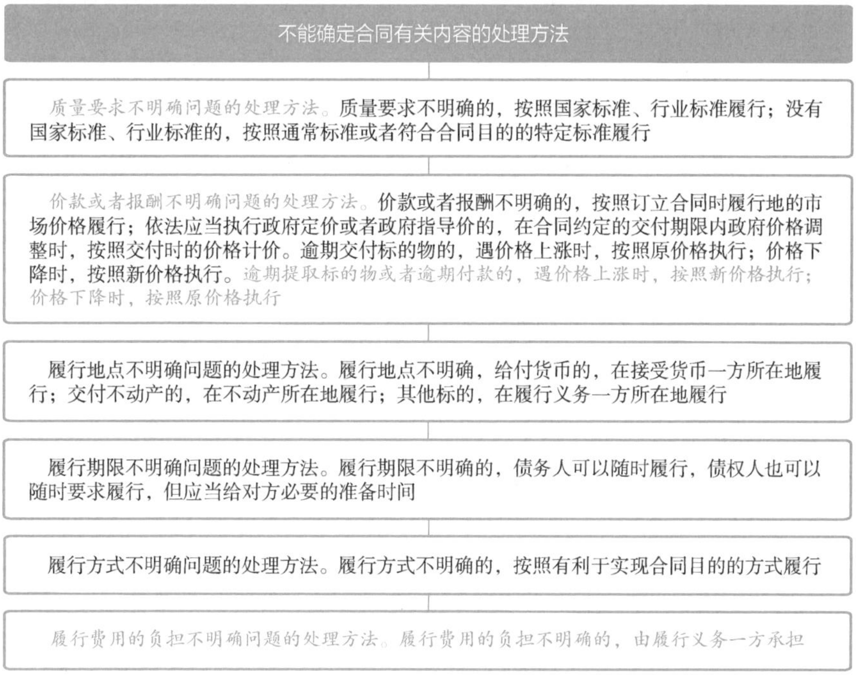

图 2-21　不能确定合同有关内容的处理方法

2）合同履行中的第三人。在通常情况下，合同必须由当事人亲自履行。但根据法律的规定或合同的约定，或者在与合同性质不相抵触的情况下，合同可以向第三人履行，也可以由第三人代为履行。向第三人履行合同或者由第三人代为履行合同，不是合同义务的转移，当事人在合同中的法律地位不变。

① 向第三人履行合同。当事人约定由债务人向第三人履行债务的，债务人未向第三人履行债务或者履行债务不符合约定，应当向债权人承担违约责任。

② 由第三人代为履行合同。当事人约定由第三人向债权人履行债务的，第三人不履行债务或者履行债务不符合约定，债务人应当向债权人承担违约责任。

3）合同履行过程中几种特殊情况的处理，如图 2-22 所示。

4）合同生效后合同主体发生变化时的合同效力。合同生效后，当事人不得因姓名、名称的

合同履行过程中几种特殊情况的处理

因债权人分立、合并或者变更住所致使债务人履行债务发生困难的情况。合同当事人一方发生分立、合并或者变更住所等情况时，有义务及时通知对方当事人，以免给合同的履行造成困难。债权人分立、合并或者变更住所没有通知债务人，致使履行债务发生困难的，债务人可以中止履行或者将标的物提存。所谓提存是指由于债权人的原因致使债务人难以履行债务时，债务人可以将标的物交给有关机关保存，以此消灭合同的行为

债务人提前履行债务的情况。债务人提前履行债务是指债务人在合同规定的履行期限届至之前即开始履行自己的合同义务的行为。债权人可以拒绝债务人提前履行债务，但提前履行不损害债权人利益的除外。债务人提前履行债务给债权人增加的费用，由债务人负担

债务人部分履行债务的情况。债务人部分履行债务是指债务人没有按照合同约定履行合同规定的全部义务，而只是履行了自己的一部分合同义务的行为。债权人可以拒绝债务人部分履行债务，但部分履行不损害债权人利益的除外。债务人部分履行债务给债权人增加的费用，由债务人负担

图 2-22　合同履行过程中几种特殊情况的处理

变更或者法定代表人、负责人、承办人的变动而不履行合同义务。因为当事人的姓名、名称只是作为合同主体的自然人、法人或者其他组织的符号，并非自然人、法人或者其他组织本身，其变更并未使原合同主体发生实质性变化，因而合同的效力也未发生变化。

4. 合同的变更和转让

（1）合同的变更　合同的变更有广义和狭义之分。广义的合同变更是指合同法律关系的主体和合同内容的变更。狭义的合同变更仅指合同内容的变更，不包括合同主体的变更。

合同主体的变更是指合同当事人的变动，即原来的合同当事人退出合同关系而由合同以外的第三人替代，第三人成为合同的新当事人。合同主体的变更实质上就是合同的转让。合同内容的变更是指合同成立以后、履行之前或者在合同履行开始之后尚未履行完毕之前，合同当事人对合同内容的修改或者补充。《合同法》所指的合同变更是指合同内容的变更。合同变更可分为协议变更和法定变更。

1）协议变更。当事人协商一致，可以变更合同。法律、行政法规规定变更合同应当办理批准、登记等手续的，应当办理相应的批准、登记手续。

当事人对合同变更的内容约定不明确的，推定为未变更。

2）法定变更。在合同成立后，当发生法律规定的可以变更合同的事由时，可根据一方当事人的请求对合同内容进行变更而不必征得对方当事人的同意。但这种变更合同的请求须向人民法院或者仲裁机构提出。

（2）合同的转让　合同转让是指合同一方当事人取得对方当事人同意后，将合同的权利义务全部或者部分转让给第三人的法律行为。合同的转让包括权利（债权）转让、义务（债务）转移和权利义务概括转让三种情形。法律、行政法规规定转让权利或者转移义务应当办理批准、登记等手续的，应办理相应的批准、登记手续。

1）合同债权转让。债权人可以将合同的权利全部或者部分转让给第三人，但下列三种情形不得转让，如图 2-23 所示。

下列三种情形不得转让合同债权

根据合同性质不得转让

按照当事人约定不得转让

依照法律规定不得转让

图 2-23　合同债权不得转让的情形

债权人转让权利的，债权人应当通知债务人。未经通知，该转让对债务人不发生效力。除非经受让人同意，否则，债权人转让权利的通知不得撤销。

合同债权转让后，该债权由原债权人转移给受让人，受让人取代让与人（原债权人）成为新债权人，依附于主债权的从债权也一并移转给受让人，例如抵押权、留置权等，但专属于原债权人自身的从债权除外。

为保护债务人利益，不致使其因债权转让而蒙受损失，债务人接到债权转让通知后，债务人对让与人的抗辩，可以向受让人主张；债务人对让与人享有债权，并且债务人的债权先于转让的债权到期或者同时到期的，债务人可以向受让人主张抵消。

2）合同债务转移。债务人将合同的义务全部或者部分转移给第三人的，应当经债权人同意。

债务人转移义务后，原债务人享有的对债权人的抗辩权也随债务转移而由新债务人享有，新债务人可以主张原债务人对债权人的抗辩。债务人转移业务的，新债务人应当承担与主债务有关的从债务，但该从债务专属于原债务人自身的除外。

3）合同权利义务的概括转让。当事人一方经对方同意，可以将自己在合同中的权利和义务一并转让给第三人。权利和义务一并转让的，适用上述有关债权转让和债务转移的有关规定。

此外，当事人订立合同后合并的，由合并后的法人或者其他组织行使合同权利，履行合同义务。当事人订立合同后分立的，除债权人和债务人另有约定的以外，由分立的法人或者其他组织对合同的权利和义务享有连带债权，承担连带债务。

5. 合同的权利义务终止

（1）合同的权利义务终止的原因　合同的权利义务终止又称为合同的终止或者合同的消灭，是指因某种原因而引起的合同权利义务关系在客观上不复存在。

合同的权利义务终止的情形如图 2-24 所示。

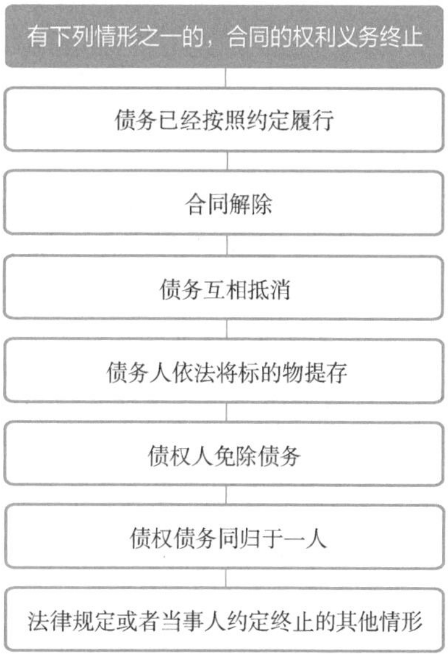

债权人免除债务人部分或者全部债务的，合同的权利义务部分或者全部终止；债权和债务同归于一人的，合同的权利义务终止，但涉及第三人利益的除外。

合同的权利义务终止，不影响合同中结算和清理条款的效力。合同的权利义务终止后，当事人应当遵循诚实信用原则，根据交易习惯履行通知、协助、保密等义务。

（2）合同解除　合同解除是指合同有效成立后，在尚未履行或者尚未履行完毕之前，因当事人一方或者双方的意思表示而使合同的权利义务关系（债权债务关系）自始消灭或者向将来消灭的一种民事行为。

图 2-24　合同的权利义务终止的情形

合同解除后，尚未履行的，终止履行；已经履行的，根据履行情况和合同性质，当事人可以要求恢复原状、采取其他补救措施，并有权要求赔偿损失。

（3）标的物的提存　标的物的提存如图 2-25 所示。

标的物不适于提存或者提存费用过高的，债务人可以依法拍卖或者变卖标的物，提存所得的价款。

债权人可以随时领取提存物，但债权人对债务人负有到期债务的，在债权人未履行债务或提供担保之前，提存部门根据债务人的要求应当拒绝其领取提存物。

债权人领取提存物的权利期限为 5 年，超过该期限，提存物扣除提存费用后归国家所有。

有下列情形之一，难以履行债务的，债务人可以将标的物提存

- 债权人无正当理由拒绝受领
- 债权人下落不明
- 债权人死亡未确定继承人或者丧失民事行为能力未确定监护人
- 法律规定的其他情形

图 2-25　债务人可以将标的物提存的情形

6. 违约责任

(1) 违约责任及其特点　违约责任是指合同当事人不履行或者不适当履行合同义务所应承担的民事责任。当事人一方明确表示或者以自己的行为表明不履行合同义务的，对方可以在履行期限届满之前要求其承担违约责任。

违约责任的特点如图 2-26 所示。

(2) 违约责任的承担

1) 违约责任的承担方式。当事人一方不履行合同义务或者履行合同义务不符合约定的，应当承担继续履行、采取补救措施或者赔偿损失等违约责任。

违约责任的特点

- 以有效合同为前提。当侵权责任和缔约过失责任不同，违约责任必须以当事人双方事先存在的有效合同关系为前提
- 以合同当事人不履行或者不适当履行合同义务为要件。只有合同当事人不履行或者不适当履行合同义务时，才应承担违约责任
- 可由合同当事人在法定范围内约定。违约责任主要是一种赔偿责任，因此，可由合同当事人在法律规定的范围内自行约定
- 是一种民事赔偿责任。首先，它是由违约方向守约方承担的民事责任，无论是违约金还是赔偿金，均是平等主体之间的支付关系；其次，违约责任的确定，通常应以补偿守约方的损失为标准

图 2-26　违约责任的特点

① 继续履行。继续履行是指在合同当事人一方不履行合同义务或者履行合同义务不符合合同约定时，另一方合同当事人有权要求其在合同履行期限届满后继续按照原合同约定的主要条件履行合同义务的行为。*继续履行是合同当事人一方违约时，其承担违约责任的首选方式。*

A. 违反金钱债务时的继续履行。当事人一方未支付价款或者报酬的，对方可以要求其支付价款或者报酬。

B. 违反非金钱债务时的继续履行。当事人一方不履行非金钱债务或者履行非金钱债务不符合约定的，对方可以要求履行，但有下列情形之一的除外：法律上或者事实上不能履行；债务的标的不适于强制履行或者履行费用过高；债权人在合理期限内未要求履行。

② 采取补救措施。如果合同标的物的质量不符合约定的，应当按照当事人的约定承担违约责任。对违约责任没有约定或者约定不明确的，可以协议补充；不能达成补充协议的，按照合同有关条款或者交易习惯确定。依照上述办法仍不能确定的，受损害方根据标的性质以及损失的大小，可以合理选择要求对方承担修理、更换、重做、退货、减少价款或者报酬等违约责任。

③ 赔偿损失。当事人一方不履行合同义务或者履行合同义务不符合约定的，在履行义务或者采取补救措施后，对方还有其他损失的，应当赔偿损失。损失赔偿额应当相当于因违约所造成的损失，包括合同履行后可以获得的利益，但不得超过违反合同一方订立合同时预见到或者应当预

见到的因违反合同可能造成的损失。

当事人一方违约后，对方应当采取适当措施防止损失的扩大；没有采取适当措施致使损失扩大的，不得就扩大的损失要求赔偿。当事人因防止损失扩大而支出的合理费用，由违约方承担。

经营者对消费者提供商品或者服务有欺诈行为的，依照《中华人民共和国消费者权益保护法》的规定承担损害赔偿责任。

④ 违约金。当事人可以约定一方违约时应当根据违约情况向对方支付一定数额的违约金，也可以约定因违约产生的损失赔偿额的计算方法。约定的违约金低于造成的损失的，当事人可以请求人民法院或者仲裁机构予以增加；约定的违约金过分高于造成的损失的，当事人可以请求人民法院或者仲裁机构予以适当减少。

当事人就延迟履行约定违约金的，违约方支付违约金后，还应当履行债务。

⑤ 定金。当事人可以依照《中华人民共和国担保法》约定一方向对方给付定金作为债权的担保。债务人履行债务后，定金应当抵作价款或者收回。给付定金的一方不履行约定的债务的，无权要求返还定金；收受定金的一方不履行约定的债务的，应当双倍返还定金。

当事人既约定违约金，又约定定金的，一方违约时，对方可以选择适用违约金或者定金条款。

2）违约责任的承担主体，如图 2-27 所示。

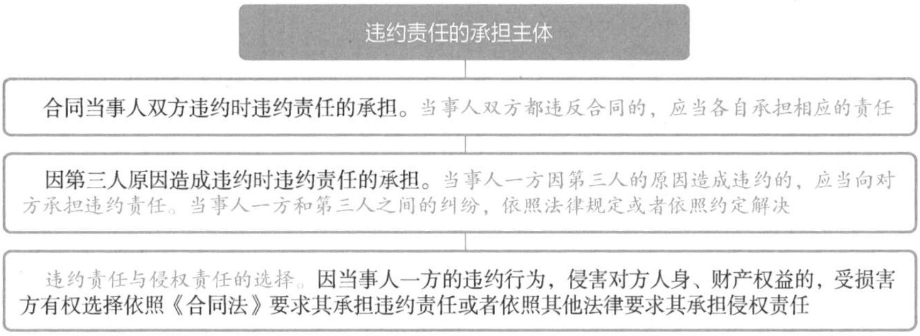

（3）不可抗力

不可抗力是指不能预见、不能避免并不能克服的客观情况。因不可抗力不能履行合同的，根据不可抗力的影响，部分或者全部免除责任，但法律另有规定的除外。当事人迟延履行后发生不可抗力的，不能免除责任。

违约责任的承担主体

合同当事人双方违约时违约责任的承担。当事人双方都违反合同的，应当各自承担相应的责任

因第三人原因造成违约时违约责任的承担。当事人一方因第三人的原因造成违约的，应当向对方承担违约责任。当事人一方和第三人之间的纠纷，依照法律规定或者依照约定解决

违约责任与侵权责任的选择。因当事人一方的违约行为，侵害对方人身、财产权益的，受损害方有权选择依照《合同法》要求其承担违约责任或者依照其他法律要求其承担侵权责任

图 2-27　违约责任的承担主体

当事人一方因不可抗力不能履行合同的，应当及时通知对方，以减轻给对方造成的损失，并应当在合理期限内提供证明。

7. 合同争议的解决

合同争议是指合同当事人之间对合同履行状况和合同违约责任承担等问题所产生的意见分歧。合同争议的解决方式有和解、调解、仲裁或者诉讼。

（1）合同争议的和解与调解　和解与调解是解决合同争议的常用和有效方式。当事人可以通过和解或者调解解决合同争议。

1）和解。和解是指合同当事人之间发生争议后，在没有第三人介入的情况下，合同当事人双方在自愿、互谅的基础上，就已经发生的争议进行商谈并达成协议，自行解决争议的一种方式。和解方式简便易行，有利于加强合同当事人之间的协作，使合同能得到更好的履行。

2）调解。调解是指合同当事人于争议发生后，在第三者的主持下，根据事实、法律和合同，经过第三者的说服与劝解，使发生争议的合同当事人双方互谅、互让，自愿达成协议，从而公平、合理地解决争议的一种方式。

与和解相同，调解也具有方法灵活、程序简便、节省时间和费用、不伤害发生争议的合同当

事人双方的感情等特征，而且由于有第三者的介入，可以缓解发生争议的合同双方当事人之间的对立情绪，便于双方较为冷静、理智地考虑问题。同时，由于第三者常常能够站在较为公正的立场上，较为客观、全面地看待、分析争议的有关问题并提出解决方案，从而有利于争议的公正解决。

参与调解的第三者不同，调解的性质也就不同。调解有民间调解、仲裁机构调解和法庭调解三种。

（2）合同争议的仲裁　仲裁是指发生争议的合同当事人双方根据合同中约定的仲裁条款或者争议发生后由其达成的书面仲裁协议，将合同争议提交给仲裁机构并由仲裁机构按照仲裁法律规范的规定居中裁决，从而解决合同争议的法律制度。当事人不愿协商、调解或协商、调解不成的，可以根据合同中的仲裁条款或事后达成的书面仲裁协议，提交仲裁机构仲裁。涉外合同当事人可以根据仲裁协议向中国仲裁机构或者其他仲裁机构申请仲裁。

根据《中华人民共和国仲裁法》，对于合同争议的解决，实行"或裁或审制"。即发生争议的合同当事人双方只能在"仲裁"或者"诉讼"两种方式中选择一种方式解决其合同争议。

仲裁裁决具有法律约束力。合同当事人应当自觉执行裁决。不执行的，另一方当事人可以申请有管辖权的人民法院强制执行。裁决做出后，当事人就同一争议再申请仲裁或者向人民法院起诉的，仲裁机构或者人民法院不予受理。但当事人对仲裁协议的效力有异议的，可以请求仲裁机构做出决定或者请求人民法院做出裁定。

（3）合同争议的诉讼　诉讼是指合同当事人依法将合同争议提交人民法院受理，由人民法院依司法程序通过调查、做出判决、采取强制措施等处理争议的法律制度。

合同当事人可以选择诉讼方式解决合同争议的情形如图2-28所示。

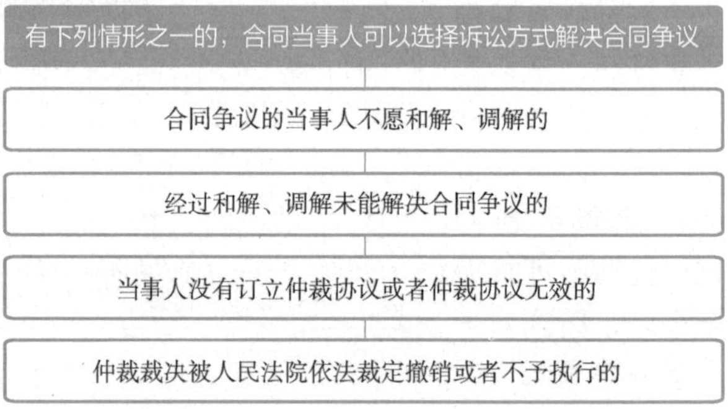

合同当事人双方可以在签订合同时约定选择诉讼方式解决合同争议，并依法选择有管辖权的人民法院，但不得违反《中华人民共和国民事诉讼法》关于级别管辖和专

图 2-28　诉讼方式解决合同争议的情形

属管辖的规定。对于一般的合同争议，由被告住所地或者合同履行地人民法院管辖。建设工程合同的纠纷一般都适用不动产所在地的专属管辖，由工程所在地人民法院管辖。

三、招标投标法

《中华人民共和国招标投标法》（以下简称《招标投标法》）规定，在中华人民共和国境内进行下列工程建设项目（包括项目的勘察、设计、施工、监理以及与工程建设有关的重要设备、材料等的采购），必须进行招标，如图2-29所示。

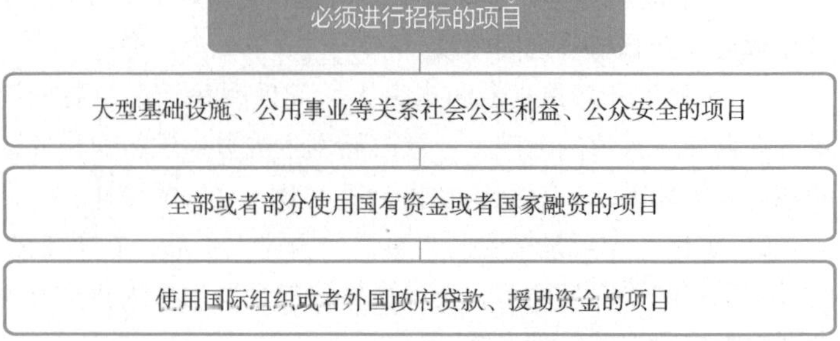

任何单位和个人不得将依法

图 2-29　必须进行招标的项目

必须进行招标的项目化整为零或者以其他任何方式规避招标。依法必须进行招标的项目，其招标投标活动不受地区或者部门的限制。任何单位和个人不得违法限制或者排斥本地区、本系统以外的法人或者其他组织参加投标，不得以任何方式非法干涉招标投标活动。

1. 招标

（1）招标的条件和方式

1）招标的条件。招标项目按照国家有关规定需要履行项目审批手续的，应当先履行审批手续，取得批准。招标人应当有进行招标项目的相应资金或资金来源已经落实，并应当在招标文件中如实载明。

招标人有权自行选择招标代理机构，委托其办理招标事宜。任何单位和个人不得以任何方式为招标人指定招标代理机构。招标人具有编制招标文件和组织评标能力的，可以自行办理招标事宜。任何单位和个人不得强制其委托招标代理机构办理招标事宜。

依法必须进行招标的项目，招标人自行办理招标事宜的，应当向有关行政监督部门备案。

2）招标的方式。招标分为公开招标和邀请招标两种方式。

招标公告或投标邀请书应当载明招标人的名称和地址、招标项目的性质、数量、实施地点和时间以及获取招标文件的办法等事项。招标人不得以不合理的条件限制或者排斥潜在的投标人，不得对潜在的投标人实行歧视待遇。

（2）招标文件　招标人应当根据招标项目的特点和需要编制招标文件。招标文件应当包括招标项目的技术要求、对投标人资格审查的标准、投标报价要求和评标标准等所有实质性要求和条件以及拟签订合同的主要条款。招标项目需要划分标段、确定工期的，招标人应当合理划分标段、确定工期，并在招标文件中载明。

招标文件不得要求或者标明特定的生产供应者以及含有倾向或者排斥潜在投标人的其他内容。招标人不得向他人透漏已获取招标文件的潜在投标人的名称、数量及可能影响公平竞争的有关招标投标的其他情况。

招标人对已发出的招标文件进行必要的澄清或者修改的，应当在招标文件要求提交投标文件截止时间至少15日前，以书面形式通知所有招标文件收受人。该澄清或者修改的内容为招标文件的组成部分。

（3）其他规定　招标人设有标底的，标底必须保密。招标人应当确定投标人编制投标文件所需要的合理时间。依法必须进行招标的项目，自招标文件开始发出之日起至投标人提交投标文件截止之日止，最短不得少于20日。

2. 投标

投标人应当具备承担招标项目的能力。国家有关规定对投标人资格条件或者招标文件对投标人资格条件有规定的，投标人应当具备规定的资格条件。

（1）投标文件

1）投标文件的内容。投标人应当按照招标文件的要求编制投标文件。投标文件应当对招标文件提出的实质性要求和条件做出响应。

根据招标文件载明的项目实际情况，投标人如果准备在中标后将中标项目的部分非主体、非关键工程进行分包的，应当在投标文件中载明。在招标文件要求提交投标文件的截止时间前，投标人可以补充、修改或者撤回已提交的投标文件，并书面通知招标人。补充、修改的内容为投标文件的组成部分。

2）投标文件的送达。投标人应当在招标文件要求提交投标文件的截止时间前，将投标文件送达投标地点。招标人收到投标文件后，应当签收保存，不得开启。投标人少于3个的，招标人应当依照《招标投标法》重新招标。

在招标文件要求提交投标文件的截止时间后送达的投标文件，招标人应当拒收。

（2）联合投标　两个以上法人或者其他组织可以组成一个联合体，以一个投标人的身份共同投标。联合体各方均应具备承担招标项目的相应能力。国家有关规定或者招标文件对投标人资格条件有规定的，联合体各方均应具备规定的相应资格条件。由同一专业的单位组成的联合体，按照资质等级较低的单位确定资质等级。

联合体各方应当签订共同投标协议，明确约定各方拟承担的工作和责任，并将共同投标协议连同投标文件一并提交给招标人。联合体中标的，联合体各方应当共同与招标人签订合同，就中标项目向招标人承担连带责任。

（3）其他规定　投标人不得相互串通投标报价，不得排挤其他投标人的公平竞争，损害招标人或其他投标人的合法权益。投标人不得与招标人串通投标，损害国家利益、社会公共利益或者他人的合法权益。投标人不得以低于成本的报价竞标，也不得以他人名义投标或者以其他方式弄虚作假，骗取中标。禁止投标人以向招标人或评标委员会成员行贿的手段谋取中标。

3. 开标、评标和中标

（1）开标　开标应当在招标人的主持下，在招标文件确定的提交投标文件截止时间的同一时间、招标文件中预先确定的地点公开进行。应邀请所有投标人参加开标。开标时，由投标人或者其推选的代表检查投标文件的密封情况，也可以由招标人委托的公证机构检查并公证。经确认无误后，由工作人员当众拆封，宣读投标人名称、投标价格和投标文件的其他主要内容。

开标过程应当记录，并存档备查。

（2）评标　评标由招标人依法组建的评标委员会负责。招标人应当采取必要的措施，保证评标在严格保密的情况下进行。评标委员会应当按照招标文件确定的评标标准和方法，对投标文件进行评审和比较。

符合投标的中标人条件如图2-30所示。

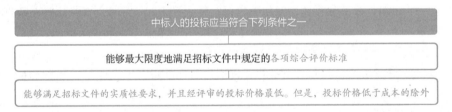

图2-30　符合投标的中标人条件

评标委员会经评审，认为所有投标都不符合招标文件要求的，可以否决所有投标。

评标委员会完成评标后，应当向招标人提出书面评标报告，并推荐合格的中标候选人。招标人据此确定中标人。招标人也可以授权评标委员会直接确定中标人。在确定中标人前，招标人不得与投标人就投标价格、投标方案等实质性内容进行谈判。

（3）中标　中标人确定后，招标人应当向中标人发出中标通知书，并同时将中标结果通知所有未中标的投标人。

招标人和中标人应当自中标通知书发出之日起30日内，按照招标文件和中标人的投标文件订立书面合同。招标人和中标人不得再订立背离合同实质性内容的其他协议。

招标文件要求中标人提交履约保证金的，中标人应当提交。

四、其他相关法律法规

1. 价格法

《中华人民共和国价格法》规定，国家实行并完善宏观经济调控下主要由市场形成价格的机制。价格的制定应当符合价值规律，大多数商品和服务价格实行市场调节价，极少数商品和服务价格实行政府指导价或政府定价。

（1）经营者的价格行为　经营者定价应当遵循公平、合法和诚实信用的原则，定价的基本依据是生产经营成本和市场供求情况。

1）义务。经营者应当努力改进生产经营管理，降低生产经营成本，为消费者提供价格合理的商品和服务，并在市场竞争中获取合法利润。

2）权利。经营者进行价格活动享有的权利如图2-31所示。

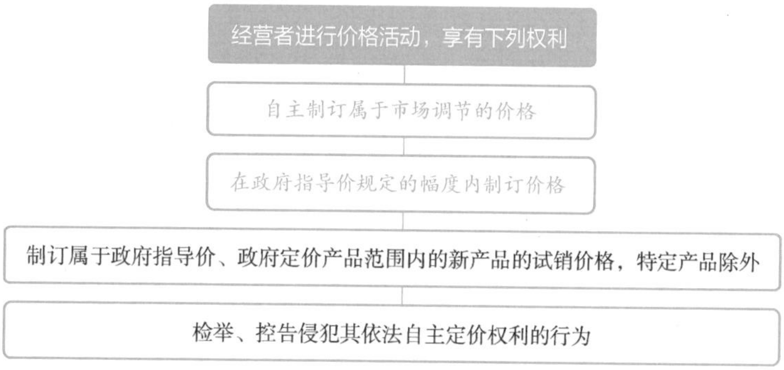

3）禁止行为。经营者不得有的不正当价格行为如图2-32所示。

（2）政府的定价行为

1）定价目录。政府指导价、政府定价的定价权限和具体适用范围，以中央的和地方的定价目录为依据。中央定价目录由国务院价格主管部门制定、修订，报国务院批准后公布。地方定价目录由省、自治区、直辖市人民政府价格主管部门按照中央定价目录规定的定价权限和具体适用范围制定，经本级人民政府审核同意，报国务院价格主管部门审定后公布。省、自治区、直辖市人民政府以下各级地方人民政府不得制定定价目录。

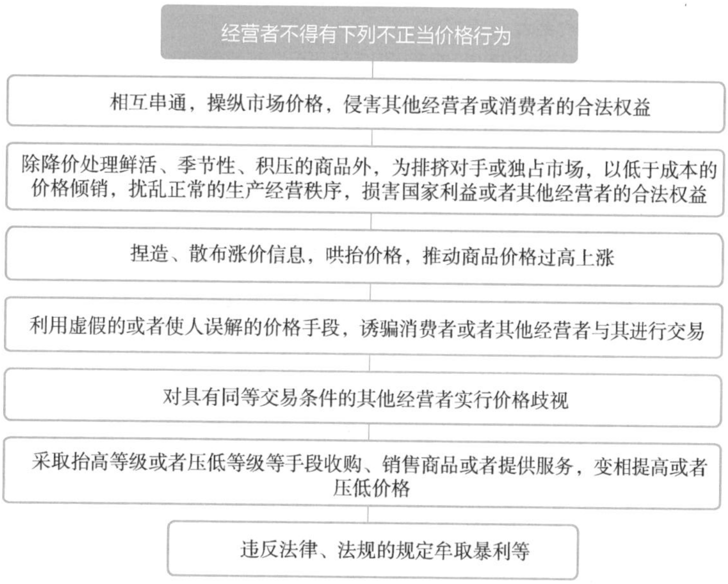

图2-31　经营者进行价格活动享有的权利

经营者进行价格活动，享有下列权利
- 自主制订属于市场调节的价格
- 在政府指导价规定的幅度内制订价格
- 制订属于政府指导价、政府定价产品范围内的新产品的试销价格，特定产品除外
- 检举、控告侵犯其依法自主定价权利的行为

图2-32　经营者不得有的不正当价格行为

经营者不得有下列不正当价格行为
- 相互串通，操纵市场价格，侵害其他经营者或消费者的合法权益
- 除降价处理鲜活、季节性、积压的商品外，为排挤对手或独占市场，以低于成本的价格倾销，扰乱正常的生产经营秩序，损害国家利益或者其他经营者的合法权益
- 捏造、散布涨价信息，哄抬价格，推动商品价格过高上涨
- 利用虚假的或者使人误解的价格手段，诱骗消费者或者其他经营者与其进行交易
- 对具有同等交易条件的其他经营者实行价格歧视
- 采取抬高等级或者压低等级等手段收购、销售商品或者提供服务，变相提高或者压低价格
- 违反法律、法规的规定牟取暴利等

2）定价权限。国务院价格主管部门和其他有关部门，按照中央定价目录规定的定价权限和具体适用范围制定政府指导价、政府定价；其中重要的商品和服务价格的政府指导价、政府定价，应当按照规定经国务院批准。省、自治区、直辖市人民政府价格主管部门和其他有关部门，应当按照地方定价目录规定的定价权限和具体适用范围制定在本地区执行的政府指导价、政府定价。

市、县人民政府可以根据省、自治区、直辖市人民政府的授权，按照地方定价目录规定的定价权限和具体适用范围制定在本地区执行的政府指导价、政府定价。

3）定价范围，如图2-33所示。

4）定价依据。制定政府指导价、政府定价，应当依据有关商品或者服务的社会平均成本和市场供求状况、国民经济与社会发展要求以及社会承受能力，实行合理的购销差价、批零差价、地区差价和季节差价。制定政府指导价、政府定价，应当开展价格、成本调查，听取消费者、经营者和有关方面的意见。制定关系群众切身利益的公用事业价格、公益性服务价格、自然垄断经营的商品价格时，应当建立听证会制度，由政府价格主管部门主持，征求消费者、经营者和有关方面的意见。

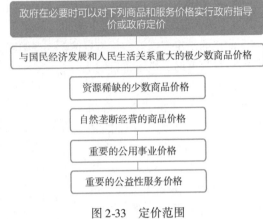

图2-33 定价范围

（3）价格总水平调控 政府可以建立重要商品储备制度，设立价格调节基金，调控价格，稳定市场。当重要商品和服务价格显著上涨或者有可能显著上涨时，国务院和省、自治区、直辖市人民政府可以对部分价格采取限定差价率或者利润率、规定限价、实行提价申报制度和调价备案制度等干预措施。

当市场价格总水平出现剧烈波动等异常状态时，国务院可以在全国范围内或者部分区域内采取临时集中定价权限、部分或者全面冻结价格的紧急措施。

2. 土地管理法

《中华人民共和国土地管理法》是一部规范我国土地所有权和使用权、土地利用、耕地保护、建设用地等行为的法律。

（1）土地所有权和使用权

1）土地所有权。我国实行土地的社会主义公有制，即全民所有制和劳动群众集体所有制。国家为了公共利益的需要，可以依法对土地实行征收或者征用并给予补偿。

2）土地使用权。国有土地和农民集体所有的土地，可以依法确定给单位或者个人使用。使用土地的单位和个人，有保护、管理和合理利用土地的义务。

农民集体所有的土地，由县级人民政府登记造册，核发证书，确认所有权。农民集体所有的土地依法用于非农业建设的，由县级人民政府登记造册，核发证书，确认建设用地使用权。

单位和个人依法使用的国有土地，由县级以上人民政府登记造册，核发证书，确认使用权；其中，重要国家机关使用的国有土地的具体登记发证机关，由国务院确定。

依法改变土地权属和用途的，应当办理土地变更登记手续。

（2）土地利用总体规划

1）土地分类。国家实行土地用途管制制度，通过编制土地利用总体规划，规定土地用途，将土地分为农用地、建设用地和未利用地，如图2-34所示。

使用土地的单位和个人必须严格按照土地利用总体规划确定的用途使用土地。国家严格限制农用地转为建设用地，控制建设用地总量，对耕地实行特殊保护。

2）土地利用规划。各级人民政府应当根据国民经济和社会发展规划、国土整治和资源环境保护的要求、土地供给能力以及各项建设对土地的需求，组织编制土地利用总体规划。

城市建设用地规模应当符合国家规定的标准，充分利用现有建设用地，不占或者少占农用地。各级人民政府应当加强土地利用计划管理，实行建设用地总量控制。

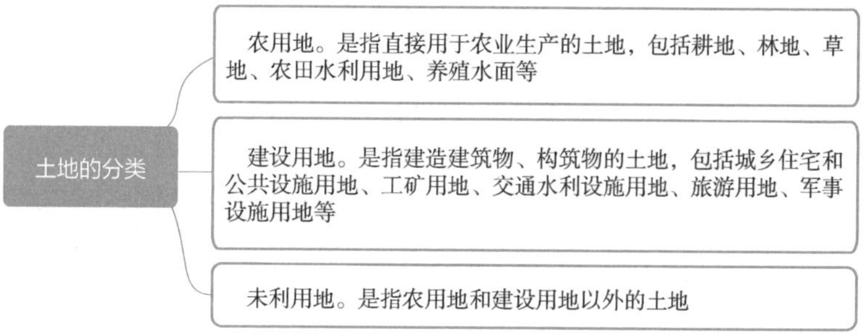

图 2-34　土地的分类

土地利用总体规划实行分级审批。经批准的土地利用总体规划的修改，须经原批准机关批准；未经批准，不得改变土地利用总体规划确定的土地用途。

（3）建设用地的批准和使用

1）建设用地的批准。除兴办乡镇企业、村民建设住宅或乡（镇）村公共设施、公益事业建设经依法批准使用农民集体所有的土地外，任何单位和个人进行建设而需要使用土地的，必须依法申请使用国有土地，包括国家所有的土地和国家征收的原属于农民集体所有的土地。

涉及农用地转为建设用地的，应当办理农用地转用审批手续。

2）征收土地的补偿。征收土地的，应当按照被征收土地的原用途给予补偿。征收耕地的补偿费用包括土地补偿费、安置补助费以及地上附着物和青苗的补偿费。

征收其他土地的土地补偿费和安置补助费标准，由省、自治区、直辖市参照征收耕地的土地补偿费和安置补助费的标准规定。被征收土地上的附着物和青苗的补偿标准，由省、自治区、直辖市规定。征收城市郊区的菜地，用地单位应当按照国家有关规定缴纳新菜地开放建设基金。

3）建设用地的使用。经批准的建设项目需要使用国有建设用地的，建设单位应当持法律、行政法规规定的有关文件，向有批准权的县级以上人民政府土地行政主管部门提出建设用地申请，经土地行政主管部门审查，报本级人民政府批准。

建设单位使用国有土地，应当以出让等有偿使用方式取得；但是，下列建设用地，经县级以上人民政府依法批准，可以划拨方式取得，如图 2-35 所示。

以出让等有偿使用方式取得国有土地使用权的建设单位，按照国务院规定的标准和办法，缴纳土地使用权出让金等土地有偿使用费和其他费用后，方可使用土地。

建设单位使用国有土地的，应当按照土地使用权出让等有偿使用合同的约定或者土地使用权划拨批准文件的规定使用土地；确需改变该幅土地建设用途的，应当经有关人民政府土地行政主管部门同意，报原批准用地的人民政府批准。其中，在城市规划区内改变土地用途的，在报批前，应当先经有关城市规划行政主管部门同意。

图 2-35　划拨方式取得的建设用地

4）土地的临时使用。建设项目施工和地质勘查需要临时使用国有土地或者农民集体所有的土地的，由县级以上人民政府土地行政主管部门批准。其中，在城市规划区内的临时用地，在报批前，应当先经有关城市规划行政主管部门的同意。土地使用者应当根据土地权属，与有关土地行政主管部门或者农村集体经济组织、村民委员会签订临时使用土地合同，并按照合同的约定支付临时使用土地补偿费。

临时使用土地的使用者应当按照临时使用土地合同约定的用途使用土地，并不得修建永久性建筑物。临时使用土地限期一般不超过两年。

5）国有土地使用权的收回，如图2-36所示。

其中，属于①、②两种情况而收回国有土地使用权的，对土地使用权人应当给予适当补偿。

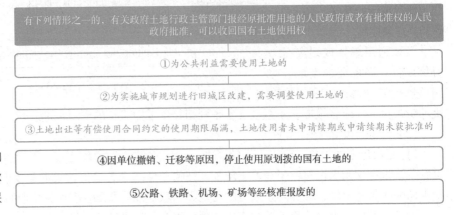

有下列情形之一的，有关政府土地行政主管部门报经原批准用地的人民政府或者有批准权的人民政府批准，可以收回国有土地使用权

①为公共利益需要使用土地的

②为实施城市规划进行旧城区改建，需要调整使用土地的

③土地出让等有偿使用合同约定的使用期限届满，土地使用者未申请续期或申请续期未获批准的

④因单位撤销、迁移等原因，停止使用原划拨的国有土地的

⑤公路、铁路、机场、矿场等经核准报废的

图2-36　国有土地使用权的收回

3. 保险法

《中华人民共和国保险法》中所称的保险，是指投保人根据合同约定，向保险人（保险公司）支付保险费，保险人对于合同约定的可能发生的事故因其发生所造成的财产损失承担赔偿保险金责任，或者当被保险人死亡、伤残、疾病或达到合同约定的年龄、期限时承担给付保险金责任的商业保险行为。

（1）保险合同的订立　当投保人提出保险要求，经保险人同意承保，并就合同的条款达成协议，保险合同即成立。保险人应当及时向投保人签发保险单或者其他保险凭证。保险单或者其他保险凭证应当载明当事人双方约定的合同内容。当事人也可以约定采用其他书面形式载明合同内容。

1）保险合同的内容，如图2-37所示。

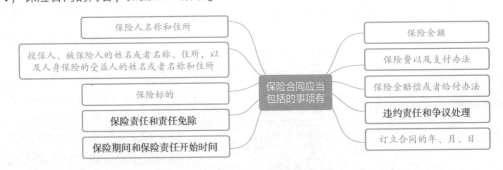

保险合同应当包括的事项有

- 保险人名称和住所
- 投保人、被保险人的姓名或者名称、住所，以及人身保险的受益人的姓名或者名称和住所
- 保险标的
- 保险责任和责任免除
- 保险期间和保险责任开始时间
- 保险金额
- 保险费以及支付办法
- 保险金赔偿或者给付办法
- 违约责任和争议处理
- 订立合同的年、月、日

图2-37　保险合同的内容

其中，保险金额是指保险人承担赔偿或者给付保险责任的最高限额。

2）保险合同的订立。

① 投保人的告知义务。订立保险合同，保险人就保险标的或者被保险人的有关情况提出询问的，投保人应当如实告知。投保人故意或者因重大过失未履行如实告知义务，足以影响保险人决定是否同意承保或者提高保险费率的，保险人有权解除合同。

投保人故意不履行如实告知义务的，保险人对于合同解除前发生的保险事故，不承担赔偿或者给付保险金的责任，并不退还保险费。投保人因重大过失未履行如实告知义务，对保险事故的发生有严重影响的，保险人对于合同解除前发生的保险事故（保险合同约定的保险责任范围内的事故），不承担赔偿或者给付保险金的责任，但应当退还保险费。

② 保险人的说明义务。订立保险合同，采用保险人提供的格式条款的，保险人向投保人提供的投保单应当附格式条款，保险人应当向投保人说明合同的内容。

对保险合同中免除保险人责任的条款，保险人订立合同时应当在投保单、保险单或者其他保险凭证上做出足以引起投保人注意的提示，并对该条款的内容以书面或者口头形式向投保人做出明确说明；未做提示或者明确说明的，该条款不产生效力。

（2）诉讼时效　人寿保险以外的其他保险的被保险人或者受益人，向保险人请求赔偿或者给付保障金的诉讼时效期间为 2 年，自其知道或者应当知道保险事故发生之日起计算。

人寿保险的被保险人或者受益人向保险人请求给付保险金的诉讼时效期间为 5 年，自其知道或者应当知道保险事故发生之日起计算。

（3）财产保险合同　财产保险是以财产及其有关利益为保险标的的一种保险。建筑工程一切险和安装工程一切险均属于财产保险。

1）双方的权利和义务。被保险人应当遵守国家有关消防、安全、生产操作、劳动保护等方面的规定，维护保险标的安全。保险人可以按照合同约定，对保险标的的安全状况进行检查，及时向投保人、被保险人提出消除不安全因素和隐患的书面建议。投保人、被保险人未按照约定履行其对保险标的安全应尽责任的，保险人有权要求增加保险费或者解除合同。保险人为维护保险标的的安全，经被保险人同意，可以采取安全预防措施。

2）保险费的增加或降低。在合同有效期内，保险标的危险程度增加的，被保险人按照合同约定应当及时通知保险人，保险人可以按照合同约定增加保险费或者解除合同。保险人解除合同的，应当将已收取的保险费，按照合同约定扣除自保险责任开始之日起至合同解除之日止应收的部分后，退还投保人。被保险人未履行通知义务的，因保险标的危险程度显著增加而发生的保险事故，保险人不承担赔偿保险金的责任。

保险费的降低如图 2-38 所示。

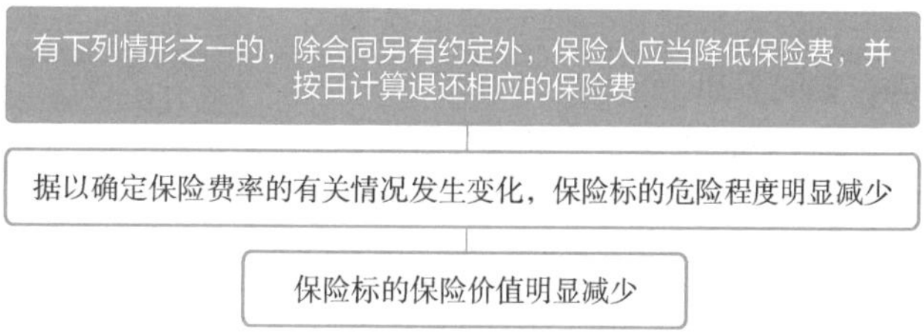

保险责任开始前，投保人要求解除合同的，应当按照合同约定向保险人支付手续费，保险人应当退还保险费。保险责任开始后，投保人要求解除合同的，保险人应当将已收取的保险费，按照合同约定扣除自保险责任开始之日起至合同解除之日止应收的部分后，退还投保人。

图 2-38　保险费的降低

3）赔偿标准。投保人和保险人约定保险标的的保险价值并在合同中载明的，保险标的发生损失时，以约定的保险价值为赔偿计算标准。投保人和保险人未约定保险标的的保险价值的，保险标的发生损失时，以保险事故发生时保险标的的实际价值为赔偿计算标准。保险金额不得超过保险价值。超过保险价值的，超过部分无效，保险人应当退还相应的保险费。保险金额低于保险价值的，除合同另有约定外，保险人按照保险金额与保险价值的比例承担赔偿保险金的责任。

4）保险事故发生后的处置。保险事故发生时，被保险人应当尽力采取必要的措施，防止或者减少损失。保险事故发生后，被保险人为防止或者减少保险标的的损失所支付的必要的、合理的费用，由保险人承担；保险人所承担的费用数额在保险标的的损失赔偿金额以外另行计算，最高不超过保险金额的数额。

保险事故发生后，保险人已支付了全部保险金额，并且保险金额等于保险价值的，受损保险标的的全部权利归于保险人；保险金额低于保险价值的，保险人按照保险金额与保险价值的比例取得受损保险标的的部分权利。

保险人、被保险人为查明和确定保险事故的性质、原因和保险标的损失程度所支付的必要的、合理的费用，由保险人承担。

（4）人身保险合同　人身保险是以人的寿命和身体为保险标的的一种保险。建设工程施工人员以外伤害保险即属于人身保险。

1）双方的权利和义务。投保人应向保险人如实申报被保险人的年龄、身体状况。投保人申报的被保险人年龄不真实，并且其真实年龄不符合合同约定的年龄限制的，保险人可以解除合同，并按照合同约定退还保险单的现金价值。

2）保险费的支付。投保人可以按照合同约定向保险人一次支付全部保险费或者分期支付保险费。合同约定分期支付保险费的，投保人支付首期保险费后，除合同另有约定外，投保人自保险人催告之日起超过 30 日未支付当期保险费，或者超过约定的期限 60 日未支付当期保险费的，合同效力中止，或者由保险人按照合同约定的条件减少保险金额。保险人对人寿保险的保险费，不得用诉讼方式要求投保人支付。

合同效力中止的，经保险人与投保人协商并达成协议，在投保人补交保险费后，合同效力恢复。但是，自合同效力中止之日起满两年双方未达成协议的，保险人有权解除合同。解除合同时，应当按照合同约定退还保险单的现金价值。

3）保险受益人。被保险人或者投保人可以指定一人或者数人为受益人。受益人为数人的，被保险人或者投保人可以确定受益顺序和受益份额；未确定受益份额的，受益人按照相等份额享有受益权。

被保险人或者投保人可以变更受益人并书面通知保险人。保险人收到变更受益人的书面通知后，应当在保险单或者其他保险凭证上批注或者附贴批单。投保人变更受益人时须经被保险人同意。

保险人依法履行给付保险金的义务，如图 2-39 所示。

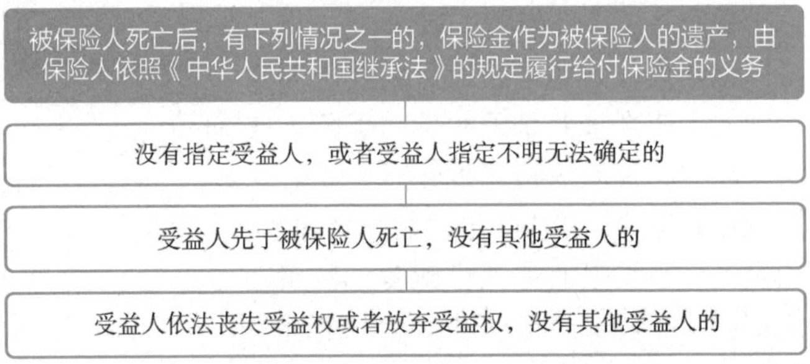

4）合同的解除。投保人解除合同的，保险人应当自收到解除合同通知之日起 30 日内，按照合同约定退还保险单的现金价值。

4. 税法相关法律

（1）税务管理

1）税务登记。《中华人民共和国税收征收管理法》规定，从事生产、经营的纳税人（包括企业，企业在外地设立的分支机构和从事生产、经营的场所，个体工商户和从事生产、经营的单位）自领取营业执照之日起 30 日内，应持有关证件，向税务机关申报办理税务登记。取得税务登记证件后，在银行或者其他金融机构开立基本存款账户和其他存款账户，并将其全部账号向税务机关报告。

从事生产、经营的纳税人的税务登记内容发生变化的，应自工商行政管理机关办理变更登记之日起 30 日内或者在向工商行政管理机关申请办理注销登记之前，持有关证件向税务机关申报办理变更或者注销税务登记。

2）账簿管理。纳税人、扣缴义务人应按照有关法律、行政法规和国务院财政、税务主管部门

图 2-39　保险人依法履行给付保险金的义务

的规定设置账簿，根据合法、有效凭证记账，进行核算。

从事生产、经营的纳税人、扣缴义务人必须按照国务院财政、税务主管部门规定的保管期限保管账簿、记账凭证、完税凭证及其他有关资料。

3）纳税申报。纳税人必须依照法律、行政法规规定或者税务机关依照法律、行政法规的规定确定的申报期限、申报内容如实办理纳税申报，报送纳税申报表、财务会计报表以及税务机关根据实际需要要求纳税人报送的其他纳税资料。

纳税人、扣缴义务人不能按期办理纳税申报或者报送代扣代缴、代收代缴税款报告表的，经税务机关核准，可以延期申报。经核准延期办理申报、报送事项的，应当在纳税期内按照上期实际缴纳的税款或者税务机关核定的税额预缴税款，并在核准的延期内办理税款结算。

4）税款征收。税务机关征收税款时，必须给纳税人开具完税凭证，扣缴义务人代扣、代收税款时，纳税人要求扣缴义务人开具代扣、代收税款凭证的，扣缴义务人应当开具。

纳税人、扣缴义务人应按照法律、行政法规确定的期限缴纳税款。纳税人因有特殊困难，不能按期缴纳税款的，经省、自治区、直辖市国家税务局、地方税务局批准，可以延期缴纳税款，但是最长不得超过3个月。纳税人未按照规定期限缴纳税款的，扣缴义务人未按照规定期限解缴税款的，税务机关除责令限期缴纳外，

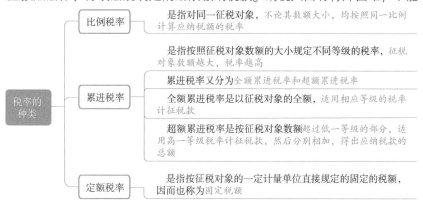

图 2-40　税率的种类

从滞纳税款之日起，按日加收滞纳税款万分之五的滞纳金。

（2）税率　税率是指应纳税额与计税基数之间的比例关系。是税法结构中的核心部分。我国现行税率有三种，即：比例税率、累进税率和定额税率，如图 2-40 所示。

（3）税收种类　根据税收征收对象不同，税收可分为流转税、所得税、财产税、行为税、资源税五种，如图 2-41 所示。

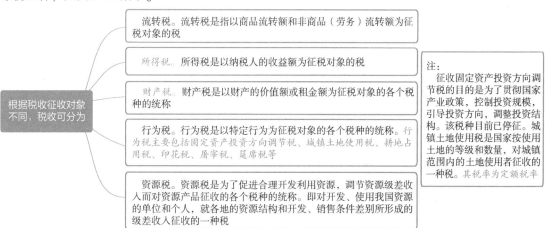

图 2-41　税收的种类

第二节　　工程造价管理制度

　　根据《工程造价咨询企业管理办法》，工程造价咨询企业是指接受委托，对建设项目投资、工程造价的确定与控制提供专业咨询服务的企业。工程造价咨询企业从事工程造价咨询活动，应当遵循独立、客观、公正、诚实信用的原则，不得损害社会公共利益和他人的合法权益。

一、工程造价咨询企业资质等级标准

1. 甲级企业资质标准

甲级工程造价咨询企业资质标准如图 2-42 所示。

```
┌─────────────────────────────────────────────┐
│        甲级工程造价咨询企业资质标准如下            │
└─────────────────────────────────────────────┘
```

> 已取得乙级工程造价咨询企业资质证书满3年

> 企业出资人中，注册造价工程师人数不低于出资人总人数的60%，且其出资额不低于企业注册资本总额的60%

> 技术负责人已取得造价工程师注册证书，并具有工程或工程经济类高级专业技术职称，且从事工程造价专业工作15年以上

> 专职从事工程造价专业工作的人员（以下简称专职专业人员）不少于20人，其中，具有工程或者工程经济类中级以上专业技术职称的人员不少于16人；取得造价工程师注册证书的人员不少于10人，其他人员具有从事工程造价专业工作的经历

> 企业与专职专业人员签订劳动合同，且专职专业人员符合国家规定的职业年龄（出资人除外）

> 专职专业人员人事档案关系由国家认可的人事代理机构代为管理

> 企业注册资本不少于人民币100万元

> 企业近3年工程造价咨询营业收入累计不低于人民币500万元

> 具有固定的办公场所，人均办公建筑面积不少于10m²

> 技术档案管理制度、质量控制制度、财务管理制度齐全

> 企业为本单位专职专业人员办理的社会基本养老保险手续齐全

> 在申请核定资质等级之日前3年内无违规行为

图 2-42　甲级工程造价咨询企业资质标准

2. 乙级企业资质标准

乙级工程造价咨询企业资质标准如图 2-43 所示。

```
┌─────────────────────────────────────┐
│   乙级工程造价咨询企业资质标准如下        │
└─────────────────────────────────────┘
```

企业出资人中，注册造价工程师人数不低于出资人总人数的60%，且其出资额不低于注册资本总额的60%

技术负责人已取得造价工程师注册证书，并具有工程或工程经济类高级专业技术职称，且从事工程造价专业工作10年以上

专职专业人员不少于12人，其中，具有工程或者工程经济类中级以上专业技术职称的人员不少于8人；取得造价工程师注册证书的人员不少于6人，其他人员具有从事工程造价专业工作的经历

企业与专职专业人员签订劳动合同，且专职专业人员符合国家规定的职业年龄（出资人除外）

专职专业人员人事档案关系由国家认可的人事代理机构代为管理

企业注册资本不少于人民币50万元

具有固定的办公场所，人均办公建筑面积不少于10m²

技术档案管理制度、质量控制制度、财务管理制度齐全

企业为本单位专职专业人员办理的社会基本养老保险手续齐全

暂定期内工程造价咨询营业收入累计不低于人民币50万元

申请核定资质等级之日前无违规行为

图 2-43　乙级工程造价咨询企业资质标准

二、工程造价咨询企业业务承接

1. 业务范围

工程造价咨询业务范围如图 2-44 所示。

工程造价咨询业务范围包括：

- 建设项目建议书及可行性研究投资估算、项目经济评价报告的编制和审核
- 建设项目概预算的编制与审核，并配合设计方案比选、优化设计、限额设计等工作进行工程造价分析与控制
- 建设项目合同价款的确定（包括招标工程工程量清单和标底、投标报价的编制和审核）；合同价款的签订与调整（包括工程变更、工程洽商和索赔费用的计算）及工程款支付，工程结算及竣工结（决）算报告的编制与审核等
- 工程造价经济纠纷的鉴定和仲裁的咨询
- 提供工程造价信息服务等

图 2-44　工程造价咨询业务范围

2. 执业

（1）咨询合同及其履行　工程造价咨询企业在承接各类建设项目的工程造价咨询业务时，应当与委托人订立书面工程造价咨询合同。工程造价咨询企业与委托人可以参照《建设工程造价咨询合同》（示范文本）订立合同。

工程造价咨询企业从事工程造价咨询业务，应当按照有关规定的要求出具工程造价成果文件。工程造价成果文件应当由工程造价咨询企业加盖有企业名称、资质等级及证书编号的执业印章，并由执行咨询业务的注册造价工程师签字、加盖执业印章。

（2）禁止性行为　工程造价咨询企业不得有的行为如图 2-45 所示。

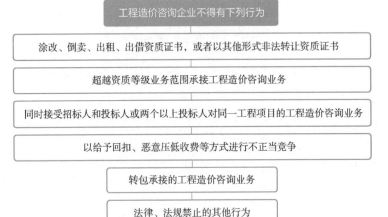

图 2-45　工程造价咨询企业不得有的行为

三、工程造价咨询企业法律责任

1. 资质申请或取得的违规责任

申请人隐瞒有关情况或者提供虚假材料申请工程造价咨询企业资质的，不予受理或者不予资质许可，并给予警告，申请人在 1 年内不得再次申请工程造价咨询企业资质。

以欺骗、贿赂等不正当手段取得工程造价咨询企业资质的，由县级以上地方人民政府建设主管部门或者有关专业部门给予警告，并处以 1 万元以上 3 万元以下的罚款，申请人 3 年内不得再次申请工程造价咨询企业资质。

2. 经营违规责任

未取得工程造价咨询企业资质从事工程造价咨询活动或者超越资质等级承接工程造价咨询业务的，出具的工程造价成果文件无效，由县级以上地方人民政府建设主管部门或者有关专业部门给予警告，责令限期改正，并处以 1 万元以上 3 万元以下的罚款。

工程造价咨询企业不及时办理资质证书变更手续的，由资质许可机关责令限期办理；逾期不办理的，可处以 1 万元以下的罚款。

有下列行为之一的，由县级以上地方人民政府建设主管部门或者有关专业部门给予警告，责令限期改正；逾期未改正的，可处以 5000 元以上 2 万元以下的罚款，如图 2-46

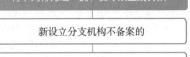

图 2-46　责令改正或罚款的行为

所示。

3. 其他违规责任

资质许可机关有下列情形之一的，由其上级行政主管部门或者监察机关责令改正，对直接负责的主管人员和其他直接责任人员依法给予处分；构成犯罪的，依法追究刑事责任，如图 2-47 所示。

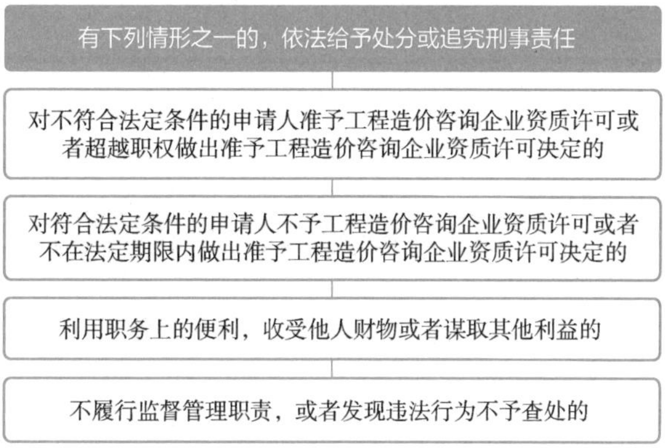

图 2-47　依法给予处分或追究刑事责任的情形

一、安装工程施工图基本规定

1. 图线和比例

1）图线的宽度 b 应根据图样的复杂程度和比例，按现行国家标准《房屋建筑制图统一标准》（GB/T 50001—2017）中图线的有关规定选用。

2）总图制图应根据图样功能，按表 3-1 规定的线型选用。

表 3-1　图线

名　　称		线　　型	线　　宽	用　　途
实线	粗	———————	b	1. 新建建筑物 ±0.00 高度可见轮廓线 2. 新建铁路、管线
	中	———————	$0.7b$ $0.5b$	1. 新建构筑物、道路、桥涵、边坡、围墙、运输设施的可见轮廓线 2. 原有标准轨距铁路
	细	———————	$0.25b$	1. 新建建筑物 ±0.00 高度以上的可见建筑物、构筑物轮廓线 2. 原有建筑物、构筑物，原有窄轨、铁路、道路、桥涵、围墙的可见轮廓线 3. 新建人行道、排水沟、坐标线、尺寸线、等高线
虚线	粗	- - - - - - -	b	新建建筑物、构筑物地下轮廓线
	中	- - - - - - -	$0.5b$	计算预留扩建的建筑物、构筑物、铁路、道路、运输设施、管线、建筑红线及预留用地各线
	细	- - - - - - -	$0.25b$	原有建筑物、构筑物、管线的地下轮廓线

（续）

名 称		线 型	线 宽	用 途
单点长画线	粗	————·————·————	b	露天矿开采界限
	中	———·———·———	$0.5b$	土方填挖区的零点线
	细	—·—·—·—	$0.25b$	分水线、中心线、对称线、定位轴线
双点长画线	粗	————··————··	b	用地红线
	中	——··——··——	$0.7b$	地下开采区塌落界限
	细	—··—··—··	$0.5b$	建筑红线
折断线		——〜——	$0.5b$	断线
不规则曲线		〜〜〜	$0.5b$	新建人工水体轮廓线

注：根据各类图样所表示的不同重点确定使用不同粗细线型。

3）总图制图采用的比例宜符合表3-2的规定。

表3-2　比例

图 名	比 例
现状图	1∶500、1∶1000、1∶2000
地理交通位置图	1∶25000～1∶200000
总体规划、总体布置、区域位置图	1∶2000、1∶5000、1∶10000、1∶25000、1∶50000
总平面图、竖向布置图、管线综合图、土方图、铁路与道路平面图	1∶300、1∶500、1∶1000、1∶2000
场地园林景观总平面图、场地园林景观竖向布置图、种植总平面图	1∶300、1∶500、1∶1000
铁路、道路纵断面图	垂直：1∶100、1∶200、1∶5000 水平：1∶1000、1∶2000、1∶5000
铁路、道路横断面图	1∶20、1∶50、1∶100、1∶200
场地断面图	1∶100、1∶200、1∶500、1∶1000
详图	1∶1、1∶2、1∶5、1∶10、1∶20、1∶50、1∶100、1∶200

4）一个图样宜选用一种比例，铁路、道路、土方等的纵断面图，可在水平方向和垂直方向选用不同比例。

2. 计量单位

计量单位的使用如图 3-1 所示。

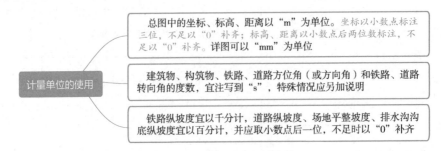

图 3-1　计量单位的使用

3. 坐标标注法

1）总图应按上北下南方向绘制。根据场地形状或布局，可向左或右偏转，但不宜超过 45°。总图中应绘制指北针或风玫瑰图，如图 3-2 所示。

2）坐标网格应以细实线表示（图 3-2）。测量坐标网应画成交叉十字线，坐标代号宜用 "X、Y" 表示；建筑坐标网应画成网格通线，自设坐标代号宜用 "A、B" 表示。坐标值为负数时，应注 " － " 号；为正数时，" ＋ " 号可以省略。

3）总平面图上有测量和建筑两种坐标系统时，应在附注中注明两种坐标系统的换算公式。

4）表示建筑物、构筑物位置的坐标应根据设计不同阶段的要求标注，当建筑物和构筑物与坐标轴线平行时，可标注其对角坐标。与坐标轴线成角度或建筑平面复杂时，宜标注三个以上坐标，坐标宜标注在图样上。根据工程具体情况，建筑物、构筑物也可用相对尺寸定位。

5）在一张图上，主要建筑物、构筑物用坐标定位时，根据工程具体情况也可用相对尺寸定位。

6）建筑物、构筑物、铁路、道路、管线等应标注下列部位的坐标或定位尺寸，如图 3-3 所示。

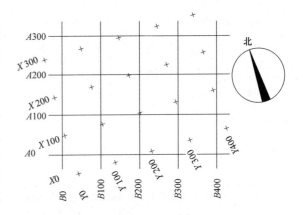

图 3-2　坐标网格

注：图中 X 为南北方向轴线，X 的增量在 X 轴线上；Y 为东西方向轴线，Y 的增量在 Y 轴线上。A 轴相当于测量坐标网中的 X 轴，B 轴相当于测量坐标网中的 Y 轴。

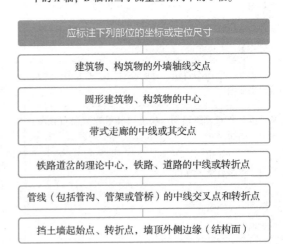

图 3-3　标注部位的坐标或定位尺寸

4. 标高标注法

标高标注法如图 3-4 所示。

- 标高标注法
  - 建筑物应以接近地面处的 ±0.00标高的平面作为总平面。字符平行于建筑长边书写
  - 总图中标注的标高应为绝对标高，当标注相对标高时，应注明相对标高与绝对标高的换算关系
  - 建筑物、构筑物、铁路、道路、水池等应按右边规定标注有关部位的标高
    - 建筑物标注室内 ±0.00处的绝对标高，在一栋建筑物内宜标注一个 ±0.00标高，当有不同地坪标高时，以相对 ±0.00的数值标注
    - 建筑物室外散水，标注建筑物四周转角或两对角的散水坡脚处标高
    - 构筑物标注其有代表性的标高，并用文字注明标高所指的位置
    - 铁路标注轨顶标高
    - 道路标注路面中心线交点及变坡点标高
    - 挡土墙标注墙顶和墙趾标高，路堤、边坡标注坡顶和坡脚标高，排水沟标注沟顶和沟底标高
    - 场地平整标注其控制位置标高，铺砌场地标注其铺砌面标高
  - 标高符号应按现行国家标准《房屋建筑制图统一标准》GB / T 50001的有关规定进行标注

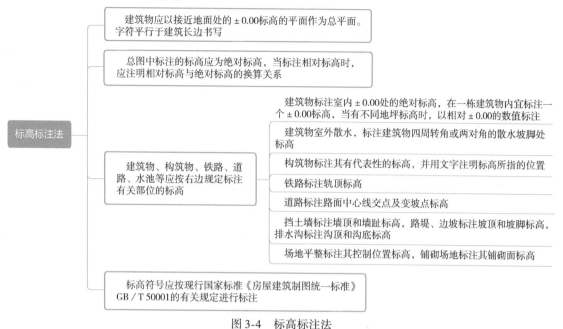

图 3-4　标高标注法

5. 名称和编号

1）总图上的建筑物、构筑物应注写名称，名称宜直接标注在图上。当图样比例小或图面无足够位置时，也可编号列表标注在图内；当图形过小时，可标注在图形外侧附近处。

2）总图上的铁路线路、铁路道岔、铁路及道路曲线转折点等，应进行编号。

3）铁路线路编号应符合下列规定，如图 3-5 所示。

4）铁路道岔编号应符合下列规定，如图 3-6 所示。

5）道路编号应符合下列规定，如图 3-7 所示。

6）厂矿铁路、道路的曲线转折点，应用代号 JD 后加阿拉伯数字顺序编号。

7）一个工程中，整套总图图样所注写的场地、建筑物、构筑物、铁路、道路等的名称应统一，各设计阶段的上述名称和编号应一致。

- 铁路线路编号应符合下列规定
  - 车站站线宜由站房向外顺序编号，正线宜用罗马数字表示，站线宜用阿拉伯数字表示
  - 厂内铁路按图面布置有次序地排列，用阿拉伯数字编号
  - 露天采矿场铁路按开采顺序编号，干线用罗马数字表示，支线用阿拉伯数字表示

图 3-5　铁路线路编号的规定

- 铁路道岔编号应符合下列规定
  - 道岔用阿拉伯数字编号
  - 车站道岔宜由站外向站内顺序编号，一端为奇数，另一端为偶数。当编里程时，里程来向端宜为奇数，里程去向端宜为偶数。不编里程时，左端宜为奇数，右端宜为偶数

图 3-6　铁路道岔编号的规定

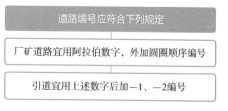

- 道路编号应符合下列规定
  - 厂矿道路宜用阿拉伯数字，外加圆圈顺序编号
  - 引道宜用上述数字后加—1、—2编号

图 3-7　道路编号的规定

二、电气工程施工图常用图形符号

1）开关、触点、线圈的图形符号见表3-3。

表3-3 开关、触点、线圈的图形符号

名　称	图　形	名　称	图　形
开关一般符号		三极开关	
暗装单极开关		密闭（防水）三极开关	
防爆单极开关		带指示灯的开关	
暗装双极开关		多拉单极开关（如用于不同照度）	
防爆双极开关		双控单极开关	
暗装三极开关		调光器	
防爆三极开关		开关（机械式）	
单极限时开关		多极开关一般符号多线表示	
单极开关		具有中间断开位置的双向隔离开关	
密闭（防水）单极开关		具有由内装的测量继电器或脱扣器触发的自动释放功能的隔离开关	
双极开关		熔断器式断路器	
密闭（防水）双极开关			

（续）

名　称	图　形	名　称	图　形
熔断器式开关		熔断器式隔离器	
熔断器式隔离开关		静态开关一般符号	
中间开关		手动操作开关一般符号	
单极拉线开关		三个手动单极开关	L1 L2 L3
多极开关一般符号单线表示		具有动合触点但无自动复位的旋转开关	
隔离器		具有动合触点钥匙操作的按钮开关	
隔离开关		动合（常开）触点的一般符号	
断路器		先断后合的转换触点	
跌落式熔断器		先合后断的双向转换触点	
		（多触点组中）比其他触点滞后吸合的动合触点	

（续）

名　　称	图　形	名　　称	图　形
（多触点组中）比其他触点提前释放的动断触点		当操作器件被释放时延时断开的动合触点	
一个手动三极开关	*L1　L2　L3*	当操作器件被释放时延时闭合的动断触点	
		位置开关，动合触点	
具有动合触点且自动复位的按钮开关	E--	热敏开关，动合触点	
		热敏自动开关，动断触点	
具有动合触点且自动复位的蘑菇头式的按钮开关		液位控制开关，动合触点	
带有防止无意操作的手动控制的具有动合触点的按钮开关		接触传感器	
动断（常闭）触点		接近开关，动合触点	
中间断开的双向转换触点		缓慢释放继电器的线圈	
（多触点组中）比其他触点提前吸合的动合触点		缓吸和缓放继电器的线圈	
（多触点组中）比其他触点滞后释放的动断触点		当操作器件被吸合时延时继开的动断触点	
当操作器件被吸合时延时闭合的动合触点		位置开关，动断触点	

（续）

名　称	图　形	名　称	图　形
热敏开关，动断触点	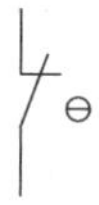	接近传感器	
热继电器，动断触点	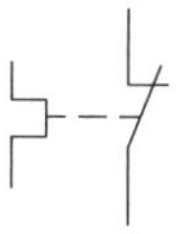	接触敏感开关，动合触点	
液位控制开关，动断触点	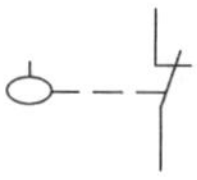	缓慢吸合继电器的线圈	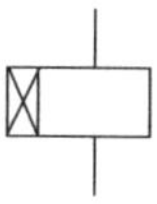
带位置图示的多位开关	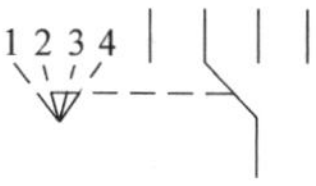 1 2 3 4	机械保持继电器的线圈	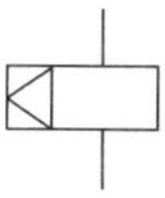

2）电阻、电容、电感的图形符号见表3-4。

表3-4　电阻、电容、电感的图形符号

名　称	图　形	名　称	图　形
电阻器一般符号	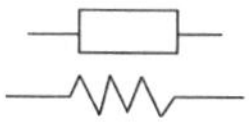	可变电阻器	
滑动触点电位器	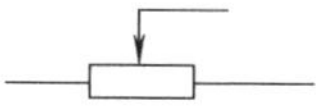	预调电位器	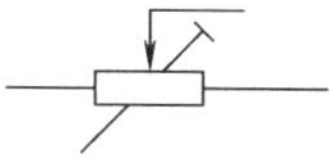
光敏电阻	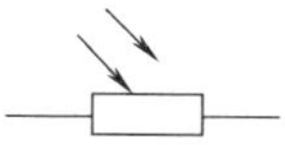	压敏电阻器变阻器	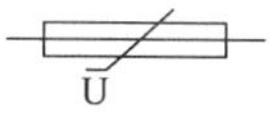 U
分路器，带分流和分压端子的电阻器	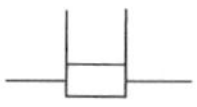	电热元件	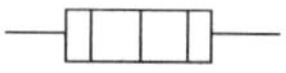
电容器一般符号		可变电容器	
双联同调可变电容器	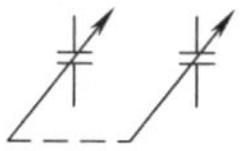	极性电容器，例如电解电容器	
电感器、线圈、绕组、扼流圈		带铁芯的电感器	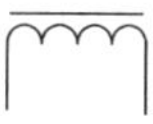

3) 灯具的图形符号见表3-5。

表 3-5　灯具的图形符号

名　　称	图　　形	名　　称	图　　形
灯（一般符号）	如果要求指出灯光源类型，则在靠近符号处标出下列代码： Na——钠气 Hg——汞	投光灯（一般符号）	
		泛光灯	
荧光灯（一般符号） 发光体（一般符号）		在专用电路上的应急照明灯	
二管荧光灯		障碍灯、危险灯，红色闪烁、全向光束	
五管荧光灯		墙上灯座（裸灯头）	
聚光灯		广照型灯（配照型灯）	
气体放电灯的辅助设备	注：仅用于辅助设备与光源不在一起时	防水防尘灯	
		局部照明灯	
自带电源的应急照明灯		安全灯	
顶棚灯座（裸灯头）		顶棚灯	
深照型灯		弯灯	
		应急疏散指示标志灯	EEL
二管荧光灯		应急疏散指示标志灯（向左）	EEL

（续）

名　称	图　形	名　称	图　形
一般电杆	 ○	壁灯	 ◓
球形灯	●	应急疏散指示标志灯（向右）	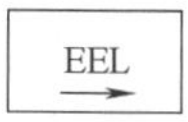 EEL →
矿山灯	⊖		
隔爆灯	◉	应急疏散照明灯	EL
花灯	⊛	带照明灯具的电杆	—○—

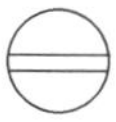

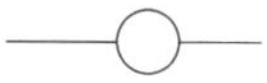

4）配电箱、配电架的图形符号见表3-6。

表3-6　配电箱、配电架的图形符号

名　称	图　形	名　称	图　形
变电所	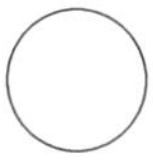 ○	信号箱（屏）	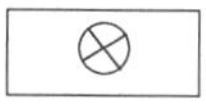 ⊗
杆上变电所	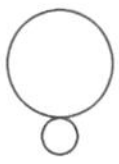 ○○	自动开关箱	▣
设备、器件、功能单元、元件	 在符号轮廓内填入或加上相应的代号或符号以表示其类别	组合开关箱	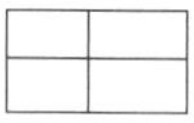 ⊞
		线架一般符号	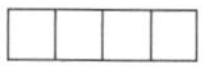 ⊟
多种电源配电箱（盘）	 ◺	总配线架	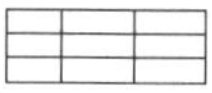 ⊞
照明配电箱（盘）	■		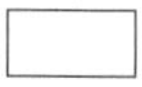
电源自动切换箱（屏）	 ⊿	屏、盘、架一般符号	□　注：可用文字符号或型号表示设备名称
交流配电盘（屏）	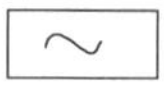 ∼	电力配电箱（盘）	 ▬

（续）

名　称	图　形	名　称	图　形
事故照明配电箱（盘）		立柱式按钮箱	
直流配电盘（屏）	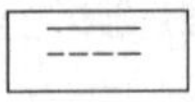	壁龛电话交接箱	
熔断器箱	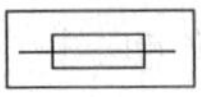	人工交换台、中继台、测量台、业务台等一般符号	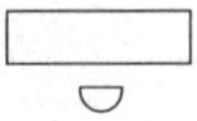
刀开关箱	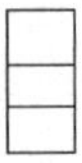	中间配线架	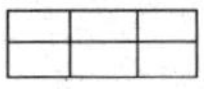

5）继电器、仪表、插头的图形符号见表3-7。

表3-7　继电器、仪表、插头的图形符号

名　称	图　形	名　称	图　形
热继电器的驱动器件	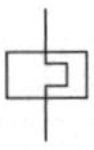	电子继电器的驱动器件	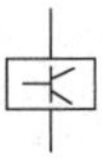
静态继电器一般符号	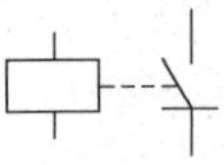 示出半导体动合触点	测量继电器	 测量继电器与测量继电器有关的器件星号，必须由表示这个器件参数的一个或多个字母或限定符号按下述顺序代替： —特性量和其变化方式 —能量流动方向 —整定范围 —重整定比（复位比） —延时作用 —延时值
欠压继电器	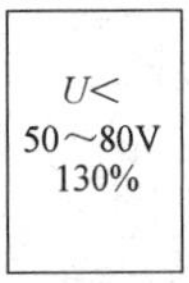 $U<$ 50～80V 130% 整定范围为50～80V，重整定比为130%		
瓦斯保护器件（气体继电器）	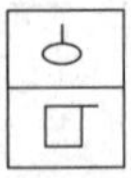	有最大和最小整定值的电流继电器	$I\begin{smallmatrix}>5A\\<3A\end{smallmatrix}$ 示出限值3A和5A
电压表	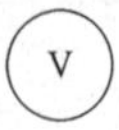 V		
无功电流表	 A $I\sin\varphi$	自动重闭合器件、自动重合闸继电器	

48

（续）

名　称	图　形	名　称	图　形
电流表	(A)	阳接触件（连接器的）、插头	▬ ←
积算仪表激励的最大需用量指示器	→(W / P_{max})	功率因数表	($\cos\varphi$)
无功功率表	(var)	频率计	(Hz)
相位计	(φ)	检流计	(↑)
同步指示器	(↕)	转速表	(n)
温度计、高温计	(θ)		
记录式功率表	W	组合式记录功率表和无功功率表	W | var
积算仪表、电能表（星号必须按照规定予以代替）	★	安培小时计	Ah
电度表（瓦时计）	Wh	无功电度表	varh
复费率电度表，示出二费率	Wh	超量电度表	Wh / >P
带发送器电度表	Wh →	由电能表操纵的遥测仪表（转发器）	→ Wh
由电能表操纵的带有打印器件的遥测仪表（转发器）	→ Wh	带最大需用量指示器电度表	Wh / P_{max}
带最大需用量记录器电度表	Wh / P_{max}	阴接触件（连接器的）、插座	─(⟨
		插头和插座	─(▬ ⟨⟨

6）变压器、互感器、交换器的图形符号见表3-8。

表3-8 变压器、互感器、交换器的图形符号

名　　　称	图　　　形	名　　　称	图　　　形
双绕组变压器		单相变压器组成的三相变压器，星形—三角形连接	
一个绕组上有中间抽头的变压器		三相变压器，星形—三角形连接	
星形—三角形连接的三相变压器		单相自耦变压器	
具有分接开关的三相变压器，星形—三角形连接		可调压的单相自耦变压器	
自耦变压器		电抗器	
三相自耦变压器，星形接线		三绕组电压互感器	
三相感应调压器		具有两个铁芯，每个铁芯有一个次级绕组的电流互感器	
电压互感器		一个铁芯具有两个次级绕组的电流互感器	
电流互感器脉冲变压器		三个电流互感器（四根次极引线）	
绕组间有屏蔽的双绕组变压器		两个电流互感器（三根次级引线引出）	
三绕组变压器			

（续）

名　称	图　形	名　称	图　形
信号变换器一般符号		具有两个铁芯，每个铁芯有一个次级绕组的两个电流互感器	
整流器			
逆变器			
原电池		直流/直流变换器	
发动机	Ⓖ		
光电发生器		桥式全波整流器	
具有三条穿线一次导体的脉冲变压器或电流互感器			
		原电池组或蓄电池组	
具有两个铁芯，每个铁芯有一个次级绕组的三个电流互感器		静止电能发生器一般符号	 G

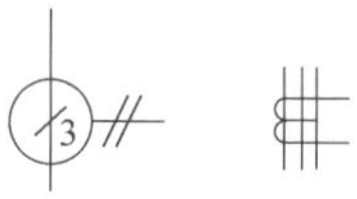

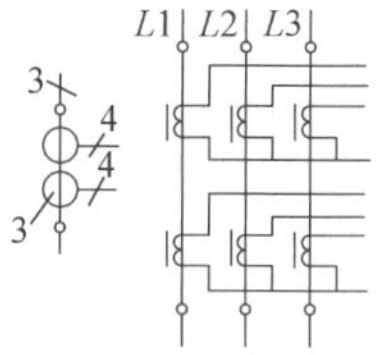

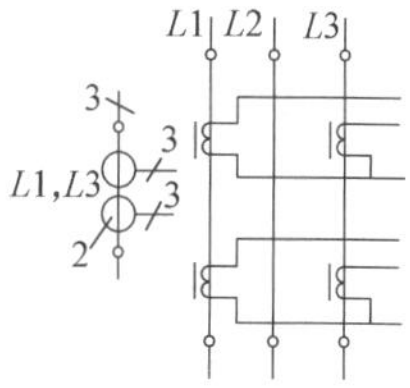

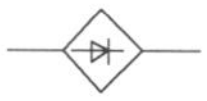

三、暖通空调制图标准及图样画法

1. 暖通空调制图标准

（1）水、汽管道

1）水、汽管道可用线型区分，也可用代号区分。水、汽管道代号应符合表3-9的规定。

表3-9　水、汽管道代号

代　号	管道名称	备　注
RG	采暖热水供水管	可附加1、2、3等表示一个代号及不同参数的多种管道
RH	采暖热水回水管	可通过实线、虚线表示供、回关系，省略字母G、H
LG	空调冷水供水管	—
LH	空调冷水回水管	—
KRG	空调热水供水管	—
KRH	空调热水回水管	—
LRG	空调冷、热水供水管	—
LRH	空调冷、热水回水管	—
LQG	冷却水供水管	—
LQH	冷却水回水管	—

（续）

代　号	管道名称	备　注
n	空调冷凝水管	—
PZ	膨胀水管	—
BS	补水管	—
X	循环管	—
LM	冷媒管	—
YG	乙二醇供水管	—
YH	乙二醇回水管	—
BG	冰水供水管	—
BH	冰水回水管	—
ZG	过热蒸汽管	—
ZB	饱和蒸汽管	或附加1、2、3等表示一个代号及不同参数的多种管道
Z2	二次蒸汽管	—
N	凝结水管	—
J	给水管	—
SR	软化水管	—
CY	除氧水管	—
GG	锅炉进水管	—
JY	加药管	—
YS	盐溶液管	—
XI	连续排污管	—
XD	定期排污管	—
XS	泄水管	—
YS	溢水（油）管	—
R_1G	一次热水供水管	—
R_1H	一次热水回水管	—
F	放空管	—
FAQ	安全阀放空管	—
O1	柴油供油管	—
O2	柴油回油管	—
OZ1	重油供油管	—
OZ2	重油回油管	—
OP	排油管	—

2）自定义水、汽管道代号不应与表3-9的规定相矛盾，并应在相应图面说明。

3）水、汽管道阀门和附件图例应符合表3-10的规定。

表 3-10　水、汽管道阀门和附件图例

代　号	管道名称	备　注
截止阀		—
闸阀		—
球阀		—
柱塞阀		—
快开阀		—
蝶阀		
旋塞阀		—
止回阀		
浮球阀		—
三通阀		—
平衡阀		—
定流量阀		—
定压差阀		—
自动排气阀		—
集气罐、放气阀		—
节流阀		—
调节止回关断阀		水泵出口用
膨胀阀		—

（续）

代　号	管道名称	备　注
排入大气或室外		—
安全阀		—
角阀		—
底阀		—
漏斗		—
地漏		—
明沟排水		—
向上弯头		—
向下弯头		—
法兰封头或管封		—
上出三通		—
下出三通		—
变径管		—
活接头或法兰连接		—
固定支架		—
导向支架		—
活动支架		—
金属软管		—

（续）

代　号	管道名称	备　注
可屈挠橡胶软接头		—
Y 形过滤器		—
疏水器		—
减压阀		左高右低
直通型（或反冲型）除污器		—
除垢仪	E	—
补偿器		—
矩形补偿器		—
套管补偿器		—
波纹管补偿器		—
弧形补偿器		—
球形补偿器		—
伴热管		—
保护套管		—
爆破膜		—
阻火器		—
节流孔板、减压孔板		—
快速接头		—
介质流向	→ 或 ⇒	在管道断开处时，流向符号宜标注在管道中心线上，其余可同管径标注位置
坡度及坡向	$i=0.003$ 或 $i=0.003$	坡度数值不宜与管道起、止点标高同时标注，标注位置同管径标注位置

（2）风道

1）风道代号应符合表 3-11 的规定。

表 3-11 风道代号

序　号	代　号	管道名称	备　注
1	SF	送风管	—
2	HF	回风管	一、二次回风可附加 1、2 来区别
3	PF	排风管	—
4	XF	新风管	—
5	PY	消防排烟风管	—
6	ZY	加压送风管	—
7	P（Y）	排风排烟兼用风管	—
8	XB	消防补风风管	—
9	S（B）	送风兼消防补风风管	—

2）自定义风道代号不应与表 3-11 的规定相矛盾，并应在相应图面说明。

3）风道、阀门及附件图例应符合表 3-12 的规定。

表 3-12 风道、阀门及附件图例

序　号	名　称	图　例	备　注
1	矩形风管	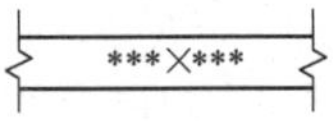 ***×***	宽×高（mm×mm）
2	圆形风管	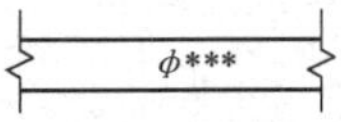 φ***	"φ"表示直径（mm）
3	风管向上	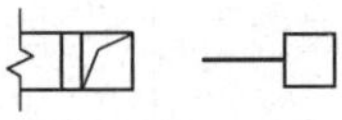	—
4	风管向下	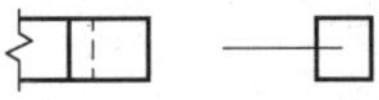	—
5	风管上升摇手弯	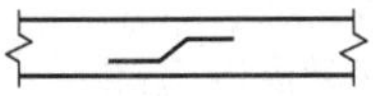	—
6	风管下降摇手弯	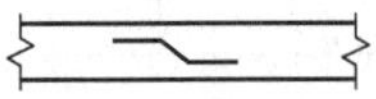	—
7	天圆地方	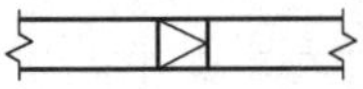	左接矩形风管，右接圆形风管
8	软风管		—
9	圆弧形弯头		—
10	带导流片的矩形弯头		—

（续）

序　　号	名　　称	图　　例	备　　注
11	消声器		
12	消声弯头		—
13	消声静压箱		
14	风管软接头		
15	对开多叶调节风阀		
16	蝶阀		
17	插板阀		
18	止回风阀		
19	余压阀	DPV　　DPV	
20	三通调节阀		
21	防烟、防火阀	***　　***	"＊＊＊"表示防烟、防火阀名称代号，代号说明另见《电气设备用图形符号》（GB/T 5465—2008）附录A中的防烟、防火阀功能表
22	方形风口		—
23	条缝形风口		—
24	矩形风口		—
25	圆形风口		—
26	侧面风口		—
27	防雨百叶		—
28	检修门	J　　　J	—

（续）

序　号	名　称	图　例	备　注
29	气流方向	—//— →　→　→	左为通用表示法，中表示送风，右表示回风
30	远程手控盒	B	防烟排烟用
31	防雨罩	↑	—

4）风口和附件的代号应符合表 3-13 的规定。

表 3-13　风口和附件的代号

序　号	代　号	图　例	备　注
1	AV	单层格栅风口，叶片垂直	—
2	AH	单层格栅风口，叶片水平	—
3	BV	双层格栅风口，前组叶片垂直	—
4	BH	双层格栅风口，前组叶片水平	—
5	C *	矩形散流器，"*"为出风面数量	—
6	DF	圆形平面散流器	—
7	DS	圆形凸面散流器	—
8	DP	圆盘形散流器	—
9	DX *	圆形斜片散流器，"*"为出风面数量	—
10	DH	圆环形散流器	—
11	E *	条缝形风口，"*"为条缝数	—
12	F *	细叶形斜出风散流器，"*"为出风面数量	—
13	FH	门铰形细叶回风口	—
14	G	扁叶形直出风散流器	—
15	H	百叶回风口	—
16	HH	门铰形百叶回风口	—
17	J	喷口	—
18	SD	旋流风口	—
19	K	蛋格形风口	—
20	KH	门铰形蛋格式回风口	—
21	L	花板回风口	—
22	CB	自垂百叶	—
23	N	防结露送风口	冠于所用类型风口代号前
24	T	低温送风口	冠于所用类型风口代号前
25	W	防雨百叶	—
26	B	带风口风箱	—
27	D	带风阀	—
28	F	带过滤网	—

（3）暖通空调设备 暖通空调设备图例应符合表3-14的规定。

表3-14 暖通空调设备图例

序 号	名 称	图 例	备 注
1	散热器及手动放气阀		左为平面图画法，中为剖面图画法，右为系统图（Y轴侧）画法
2	散热器及温控阀		—
3	轴流风机		—
4	轴（混）流式管道风机		—
5	离心式管道风机		—
6	吊顶式排气扇		—
7	水泵		—
8	手摇泵		—
9	变风量末端		—
10	空调机组加热、冷却盘管		从左到右分别为加热、冷却及双功能盘管
11	空气过滤器		从左至右分别为粗效、中效及高效
12	挡水板		—
13	加湿器		—
14	电加热器		—
15	板式换热器		—
16	立式明装风机盘管		—
17	立式暗装风机盘管		—

（续）

序　号	名　称	图　例	备　注
18	卧式明装风机盘管	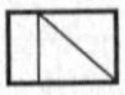	—
19	卧式暗装风机盘管	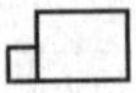	—
20	窗式空调器	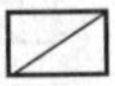	—
21	分体空调器	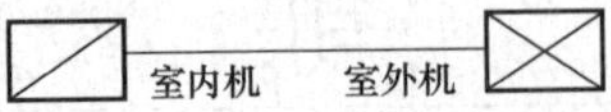 室内机　室外机	—
22	射流诱导风机		—
23	减振器		左为平面图画法，右为剖面图画法

（4）调控装置及仪表　调控装置及仪表图例应符合表 3-15 的规定。

表 3-15　调控装置及仪表图例

序　号	名　称	图　例
1	温度传感器	T
2	湿度传感器	H
3	压力传感器	P
4	压差传感器	ΔP
5	流量传感器	F
6	烟感器	S
7	流量开关	FS
8	控制器	C
9	吸顶式温度感应器	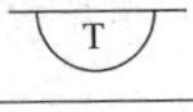 T
10	温度计	
11	压力表	
12	流量计	 F.M

（续）

序　号	名　称	图　例
13	能量计	 E.M
14	弹簧执行机构	
15	重力执行机构	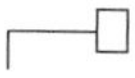
16	记录仪	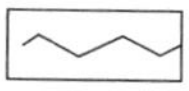
17	电磁（双位）执行机构	
18	电动（双位）执行机构	
19	电动（调节）执行机构	
20	气动执行机构	
21	浮力执行机构	
22	数字输入量	DI
23	数字输出量	DO
24	模拟输入量	AI
25	模拟输出量	AO

注：各种执行机构可与风阀、水阀组合表示相应功能的控制阀门。

2. 图样画法

（1）图样画法的一般规定

1）各工程、各阶段的设计图样应满足相应的设计深度要求。

2）本专业设计图样编号应独立。

3）在同一套工程设计图样中，图样线宽组、图例、符号等应一致。

4）在工程设计中，宜依次表示图样目录、选用图集（样）目录、设计施工说明、图例、设备及主要材料表、总图、工艺图、系统图、平面图、剖面图、详图等，如单独成图时，其图样编号应按所述顺序排列。

5）图样需用的文字说明，宜以"注："“附注："或"说明："的形式在图样右下方、标题栏的上方书写，并应用"1、2、3……"进行编号。

6）一张图幅内绘制平面图、剖面图等多种图样时，宜按平面图、剖面图、安装详图，从上至下、从左至右的顺序排列；当一张图幅绘有多层平面图时，宜按建筑层次由低至高、由下而上的顺序排列。

7）图样中的设备或部件不便用文字标注时，可进行编号。图样中仅标注编号时，其名称宜以"注:""附注:"或"说明:"表示。如需表明其型号（规格）、性能等内容，宜用"明细表"表示，如图 3-8 所示。

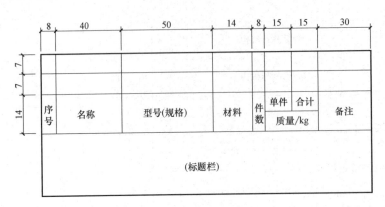

图 3-8　明细表表示

8）初步设计和施工图设计的设备表应至少包括序号（或编号）、设备名称、技术要求、数量、备注栏；材料表应至少包括序号（或编号）、材料名称、规格或物理性能、数量、单位、备注栏。

（2）管道和设备布置平面图、剖面图及详图

1）管道和设备布置平面图、剖面图应以直接正投影法绘制。

2）用于暖通空调系统设计的建筑平面图、剖面图，应用细实线绘出建筑轮廓线和与暖通空调系统有关的门、窗、梁、柱、平台等建筑构配件，并应标明相应定位轴线编号、房间名称、平面标高。

3）管道和设备布置平面图应按假想除去上层板后俯视规则绘制，其相应的垂直剖面图应在平面图中标明剖切符号，如图 3-9 所示。

4）剖视的剖切符号应由剖切位置线、投射方向线及编号组成，剖切位置线和投射方向线均应以粗实线绘制。剖切位置线的长度宜为 6～10mm；投射方向线的长度应短于剖切位置线，宜为 4～6mm；剖切位置线和投射方向线不应与其他图线相接触；编号宜用阿拉伯数字，并宜标在投射方向线的端部；转折的剖切位置线，宜在转角的外顶角处加注相应编号。

5）断面的剖切符号应用剖切位置线和编号表示。剖切位置线宜为长度 6～10 mm 的粗实线；编号可用阿拉伯数字、罗马数字或小写拉丁字母，标在剖切位置线的一侧，并应标示投射方向。

6）平面图上应标注设备、管道定位（中心、外轮廓）线与建筑定位（轴线、墙边、柱边、柱中）线间的关系；剖面图上应注出设备、管道（中、底或顶部）标高。必要时，还应注出距该层楼（地）板面的距离。

7）剖面图应在平面图上选择反映系统全貌的部位垂直剖切后绘制。当剖切的投射方向为向下和向右，且不致引起误解时，可省略剖切方向线。

8）建筑平面图采用分区绘制时，暖通空调专业平面图也可分区绘制。但分区部位应与建筑平面图一致，并应绘制分区组合示意图。

9）除方案设计、初步设计及精装修设计外，平面图、剖面图中的水、汽管道可用单线绘制，风管不宜用单线绘制。

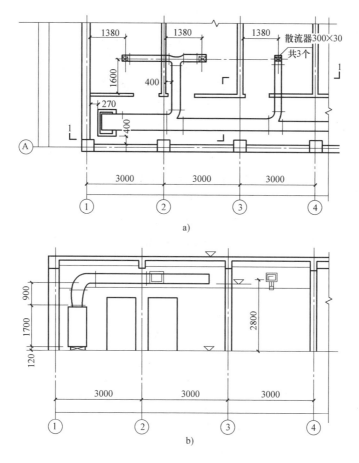

图 3-9 平面图、剖面图示例

a）标准层平面图 b）1—1 剖面图

10）平面图、剖面图中的局部需另绘详图时，应在平面图、剖面图上标注索引符号。索引符号的画法如图 3-10 所示。

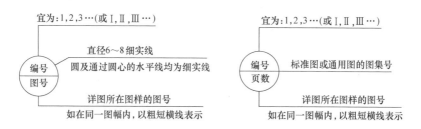

图 3-10 索引符号的画法

11）当表示局部位置的相互关系时，在平面图上应标注内视符号，如图 3-11 所示。

（3）管道系统图、原理图

1）管道系统图应能确认管径、标高及末端设备，可按系统编号分别绘制。

2）管道系统图采用轴测投影法绘制时，宜采用与相应的平面图一致的比例，按正等轴测或正面斜二轴测的投影规则绘制，可按现行国家标准《房屋建筑制图统一标准》（GB/T 50001—2017）绘制。

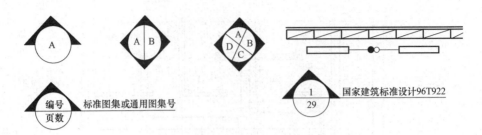

图 3-11 内视符号

3）在不致引起误解时，管道系统图可不按轴测投影法绘制。

4）管道系统图的基本要素应与平面图、剖面图相对应。

5）水、汽管道及通风、空调管道系统图均可用单线绘制。

6）系统图中的管线重叠、密集处，可采用断开画法。断开处宜以相同的小写拉丁字母表示，也可用细虚线连接。

7）室外管网工程设计宜绘制管网总平面图和管网纵剖面图。

8）原理图可不按比例和投影规则绘制。

9）原理图基本要素应与平面图、剖视图及管道系统图相对应。

（4）系统编号

1）一个工程设计中同时有供暖、通风、空调等两个及以上的不同系统时，应进行系统编号。

2）暖通空调系统编号、入口编号，应由系统代号和顺序号组成。

3）系统代号用大写拉丁字母表示，见表 3-16，顺序号用阿拉伯数字表示，如图 3-12 所示。当一个系统出现分支时，可采用图 3-12 的画法。

表 3-16 系统代号

序 号	字母代号	系统名称	序 号	字母代号	系统名称
1	N	（室内）供暖系统	9	H	回风系统
2	L	制冷系统	10	P	排风系统
3	R	热力系统	11	XP	新风换气系统
4	K	空调系统	12	JY	加压送风系统
5	J	净化系统	13	PY	排烟系统
6	C	除尘系统	14	P（PY）	排风兼排烟系统
7	S	送风系统	15	RS	人防送风系统
8	X	新风系统	16	RP	人防排风系统

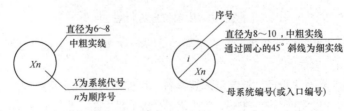

图 3-12 系统代号、编号画法

4）系统编号宜标注在系统总管处。

5）竖向布置的垂直管道系统，应标注立管号，如图 3-13 所示。在不致引起误解时，可只标注序号，但应与建筑轴线编号有明显区别。

图 3-13　立管号的画法

（5）管道标高、管径（压力）、尺寸标注

1）在无法标注垂直尺寸的图样中，应标注标高。标高应以 m 为单位，并应精确到 cm 或 mm。

2）标高符号应以等腰直角三角形表示。当标准层较多时，可只标注本层楼（地）板面的相对标高，如图 3-14 所示。

3）水、汽管道所注标高未予说明时，应表示为管中心标高。

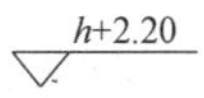

4）水、汽管道标注管外底或顶标高时，应在数字前加"底"或"顶"字样。

$h+2.20$

图 3-14　相对标高的画法

5）矩形风管所注标高应表示管底标高，圆形风管所注标高应表示管中心标高。当不采用此方法标注时，应进行说明。

6）低压流体输送用焊接管道规格应标注公称直径或公称压力。公称直径的标记应由字母"DN"后跟一个以"mm"表示的数值组成；公称压力的代号应为"PN"。

7）输送流体用无缝钢管、螺旋缝或直缝焊接钢管、铜管、不锈钢管，当需要注明外径和壁厚时，应用"D（或 ϕ）外径×壁厚"表示。在不致引起误解时，也可采用公称直径表示。

8）塑料管外径应用"D"表示。

9）圆形风管的截面定型尺寸应以直径"ϕ"表示，单位应为 mm。

10）矩形风管（风道）的截面定型尺寸应以"$A \times B$"表示。"A"应为该视图投影面的边长尺寸，"B"应为另一边尺寸。A、B 的单位均应为 mm。

11）平面图中无坡度要求的管道标高可标注在管道截面尺寸后的括号内。必要时，应在标高数字前加"底"或"顶"的字样。

12）水平管道的规格宜标注在管道的上方；竖向管道的规格宜标注在管道的左侧。双线表示的管道，其规格可标注在管道轮廓线内，如图 3-15 所示。

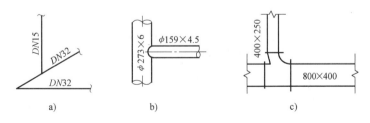

图 3-15　管道截面尺寸的画法
a) 第一种　b) 第二种　c) 第三种

13）当斜管道不在图 3-16 所示 30°范围内时，其管径（压力）、尺寸应平行标在管道的斜上方。不用图 3-16 的方法标注时，可用引出线引出进行标注。

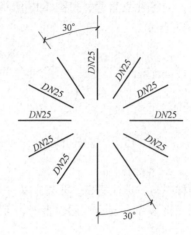

图 3-16　管径的标注位置示例

14）多条管线规格的标注方法如图 3-17 所示。

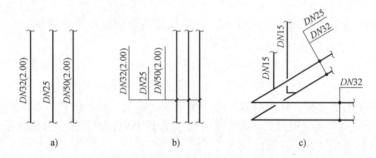

图 3-17　多条管线规格的标注方法
a）第一种　b）第二种　c）第三种

15）风口和散流器的表示方法如图 3-18 所示。

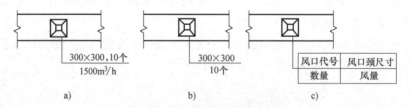

图 3-18　风口和散流器的表示方法
a）方法一　b）方法二　c）方法三

16）图样中尺寸标注应按现行国家标准的有关规定执行。

17）平面图、剖面图上如需标注连续排列的设备或管道的定位尺寸和标高时，应至少有一个误差自由段，如图 3-19 所示。

18）挂墙安装的散热器应说明安装高度。

19）设备加工（制造）图的尺寸标注应按现行国家标准《机械制图尺寸注法》（GB/T 4458.4—2003）的有关规定执行。焊缝应按现行国家标准《技术制图焊缝符号的尺寸、比例及简

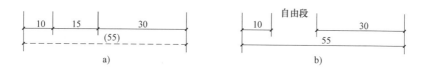

图 3-19 定位尺寸的表示方法

a）表示方法一 b）表示方法二

化表示法》（GB 12212—2012）的有关规定执行。

（6）管道转向、分支、重叠及密集处的画法

1）单线管道转向的画法如图 3-20 所示。

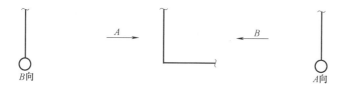

图 3-20 单线管道转向的画法

2）双线管道转向的画法如图 3-21 所示。

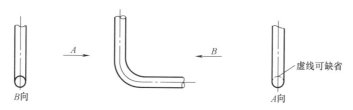

图 3-21 双线管道转向的画法

3）单线管道分支的画法如图 3-22 所示。

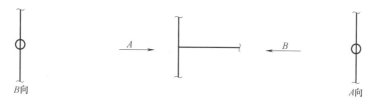

图 3-22 单线管道分支的画法

4）双线管道分支的画法如图 3-23 所示。

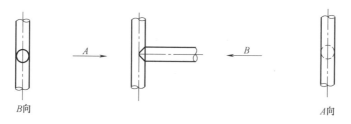

图 3-23 双线管道分支的画法

5）送风管转向的画法如图 3-24 所示。

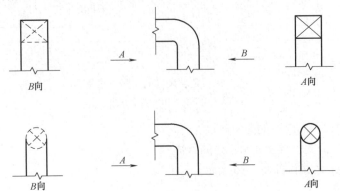

图 3-24　送风管转向的画法

6）回风管转向的画法如图 3-25 所示。

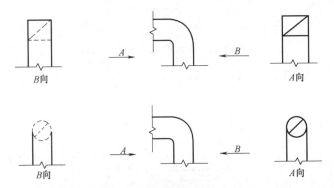

图 3-25　回风管转向的画法

7）平面图、剖视图中管道因重叠、密集需断开时，应采用断开的画法，如图 3-26 所示。

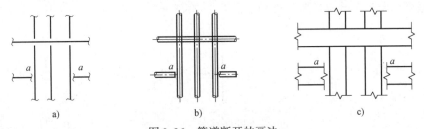

图 3-26　管道断开的画法
a）画法一　b）画法二　c）画法三

8）管道在本图中断，转至其他图面表示（或由其他图面引来）时，应注明转至（或来自）的图样编号，如图 3-27 所示。

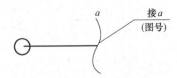

图 3-27　管道在本图中断的画法

9）管道交叉的画法如图 3-28 所示。

10）管道跨越的画法如图 3-29 所示。

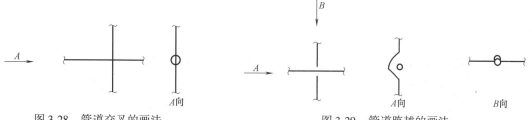

图 3-28　管道交叉的画法　　　　　　　图 3-29　管道跨越的画法

第二节　安装工程施工图识读方法

一、电气设备安装工程图识读方法

电气施工图主要表示电气线路走向及安装要求。图样包括平面图、系统图、接线原理图及详图等。识读电气施工图必须按以下要求进行，如图 3-30 所示。

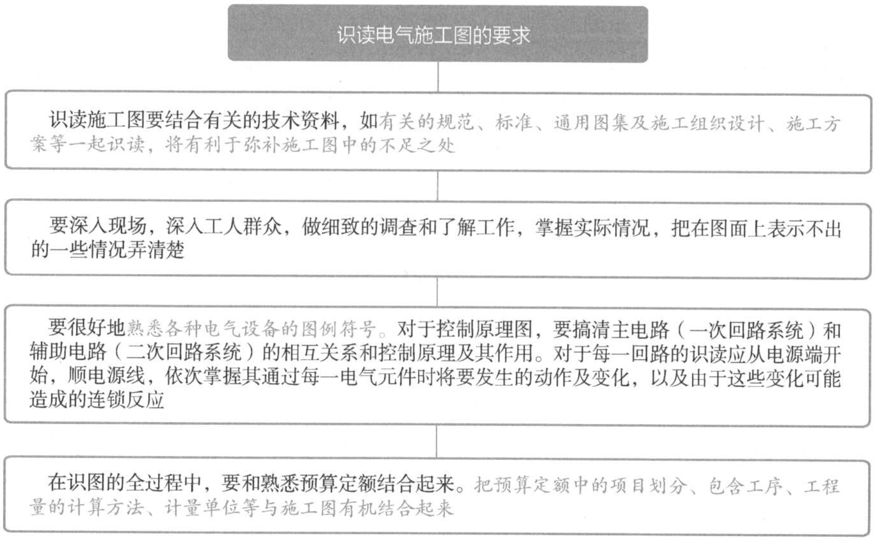

识读电气施工图的要求

识读施工图要结合有关的技术资料，如有关的规范、标准、通用图集及施工组织设计、施工方案等一起识读，将有利于弥补施工图中的不足之处

要深入现场，深入工人群众，做细致的调查和了解工作，掌握实际情况，把在图面上表示不出的一些情况弄清楚

要很好地熟悉各种电气设备的图例符号。对于控制原理图，要搞清主电路（一次回路系统）和辅助电路（二次回路系统）的相互关系和控制原理及其作用。对于每一回路的识读应从电源端开始，顺电源线，依次掌握其通过每一电气元件时将要发生的动作及变化，以及由于这些变化可能造成的连锁反应

在识图的全过程中，要和熟悉预算定额结合起来。把预算定额中的项目划分、包含工序、工程量的计算方法、计量单位等与施工图有机结合起来

图 3-30　识读电气施工图的要求

二、给水排水工程施工图识读方法

给水排水工程施工图主要表示管道的布置和走向、构件做法和加工安装要求。图样包括平面图、系统图、详图等，识读方法如图 3-31 所示。

- 给水排水工程施工图识读方法
  - 平面图的识读
    - 平面图主要表明建筑物内给水、排水管道及设备的平面布置。主要包括各干管、支管、立管的平面位置，管子直径尺寸及水平管、立管的编号，各管道零配件，如清扫口、阀门等的平面位置；给水进户管和污水排出管的平面位置；有关设备、卫生器具，如水表、大便器、洗涤池、地漏等的平面位置及安装说明和图例等内容
  - 系统图的识读
    - 给水和排水管道系统轴测图，通常按系统画成正面斜等测图，主要表明管道系统的立体走向：在给水系统轴测图上卫生器具不画出来，只画出水龙头、淋浴器莲蓬头、冲洗水箱等符号；用水设备如锅炉、热交换器、水箱等则画出示意性的立体图，并在支管上注以文字说明；在排水系统轴测图上也只画出相应的卫生器具的存水弯或器具排水管
  - 详图的识读
    - 详图主要是表明某些设备、器具和管道节点详细构造、尺寸和安装要求

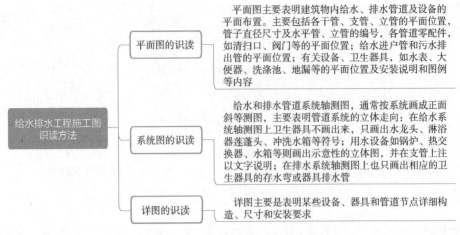

图 3-31 给水排水工程施工图识读方法

三、采暖通风空调工程施工图识读方法

（1）平面图的识读 室内暖通平面图的识读主要是为了解管道、附件及散热器在建筑物平面上的位置，以及它们之间的相互关系，如图 3-32 所示。

- 平面图的识读
  - 了解建筑物内散热器（热风机、辐射板等）的平面位置、种类、片数及散热器的安装方式（明装、暗装或半暗装）
  - 了解水平立管的布置方式，干管上的阀门、固定支架、补偿器等的平面位置和型号，以及干管的管径。通过立管编号查清系统立管数量和布置位置
  - 在热水采暖系统平面图上还标有膨胀水箱、集气罐等设备的位置、型号以及设备上连接管道的平面布置和管道直径
  - 在蒸汽采暖系统平面图上还有疏水装置的平面位置及其规格尺寸
  - 查明热媒入口及入口地沟情况

图 3-32 平面图的识读

（2）系统轴测图的识读 系统轴测图是以平面图为主视图，进行斜投影绘制的斜等测图，如图 3-33 所示。

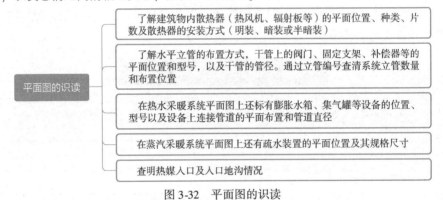

- 系统轴测图的识读
  - 了解各管段管径、坡度坡向、水平管的标高、管道的连接方法，以及立管编号等
  - 了解散热器类型及片数
  - 要查清各种阀件、附件与设备在系统中的位置，凡注有规格、型号者，要与平面图和材料明细表进行核对
  - 查明热媒入口装置中各种设备、附件、阀门、仪表之间的关系及热媒的来源、流向、坡向、标高、管径等。如有节点详图时，要查明详图编号

图 3-33 系统轴测图的识读

（3）详图的识读 详图是表明某些采暖设备的制作、安装和连接的详细情况的图样。室内暖通详图包括标准图和非标准图两种，也可直接查阅标准图集或有关施工图。非标准详图是指在平面图、系统图中表示不清的而又无标准详图的节点和做法，须另外绘制出的详图。

第四章　安装工程施工

第一节　安装工程施工材料

一、安装工程常用材料

1. 型材、板材、管材和线材

（1）型材的相关知识　普通型钢主要用于建筑结构，如桥梁、厂房结构，但个别也用于大尺寸的机械构件。

普通型钢可分为冷轧和热轧两种，其中热轧最为常用。型材按其断面形状分为圆钢、方钢、六角钢、角钢、槽钢、工字钢和扁钢等。型材的规格以反映其断面形状的主要轮廓尺寸来表示：圆钢的规格以其直径（mm）来表示；六角钢的规格以其对边距离（mm）来表示；工字钢和槽钢的规格以其高（mm）×腿宽（mm）×腰厚（mm）来表示；扁钢的规格以厚度（mm）×宽度（mm）来表示。

（2）常用的板材　有钢板、铝板和塑料复合钢板。根据钢板的薄厚又可把钢板分为厚钢板、薄钢板和钢带，如图4-1所示。

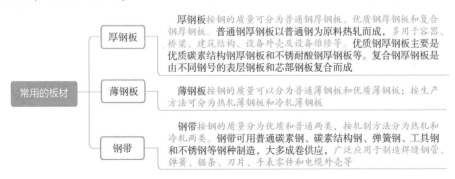

图4-1　常用的板材

（3）常用的管材　按材质可分为金属管材、非金属管材和复合管材。金属管材按性能又可以分为无缝钢管、焊接钢管、合金钢管、铸铁管、有色金属管，如图4-2所示。

非金属管材按性能和材质可分为混凝土管、陶瓷管、玻璃管、石墨管、铸石管、橡胶管、塑料管，如图4-3所示。

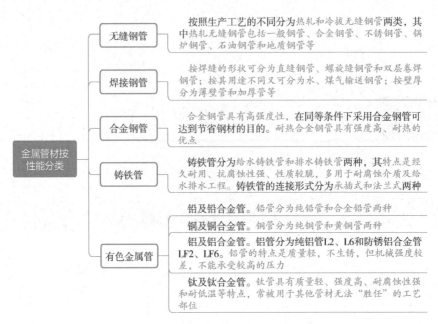

图4-2 金属管材按性能分类

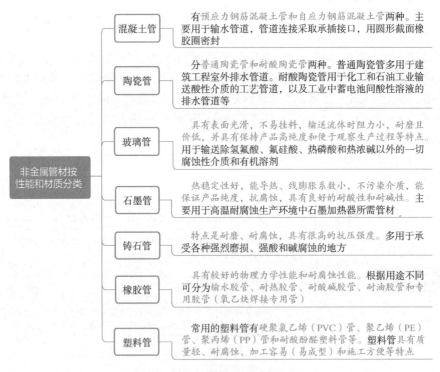

图4-3 非金属管材按性能和材质分类

复合管材按性能和材质可分为玻璃钢管（FRP）、UPVC/FRP复合管、铝塑复合管（PAP管）、钢塑复合管（SP管），如图4-4所示。

（4）线材 金属线材主要是指普通低碳钢热轧圆盘条，从品种上来说还有电焊盘条、优质盘条等。

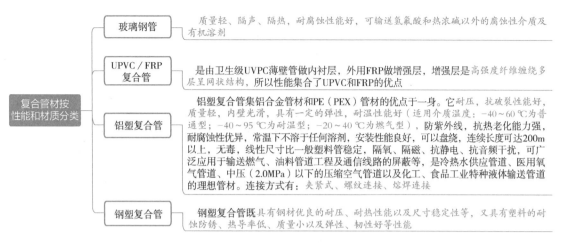

图 4-4 复合管材按性能和材质分类

圆盘条在工业上应用广泛，可直接用于建筑结构，还可以制作钉子、螺钉等，并可作为钢丝、焊丝的坯料。优质盘条是指优质钢热轧制成的盘条，它的主要用途是用作拉制优质钢丝的坯料。

2. 防腐、绝热材料

（1）防腐材料 在安装工程中，常用的防腐材料主要有各种有机和无机涂料、玻璃钢、橡胶、耐蚀（酸）非金属材料等，如图 4-5 所示。

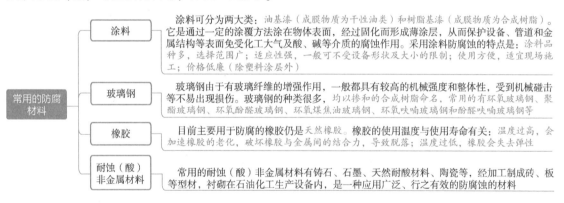

图 4-5 常用的防腐材料

（2）绝热材料 绝热材料如图 4-6 所示。

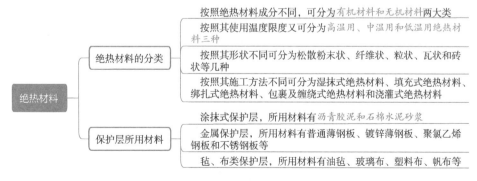

图 4-6 绝热材料

二、安装工程常用管件

1. 管件

（1）螺纹连接管件　螺纹连接管件分为镀锌和非镀锌两种，一般均采用可锻铸铁制造。常用的螺纹连接管件有管接头，用于两根管子的连接与其他管件的连接；异径管（大小头），用于连接两根直径不同的管子；等径与异径三通、等径与异径四通，用于两根管子平面垂直交叉时的连接；活接头，用于需经常拆卸的管道上。

螺纹连接管件主要用于采暖、给水排水管道和煤气管道上。在工艺管道中，除需要经常拆卸的低压管道外，其他物料管道上很少使用。

（2）冲压管件和焊接管件　施工中使用的成品冲压管件和焊接管件一般分为冲压无缝弯头、冲压焊接弯头和焊接弯头三种，如图4-7所示。

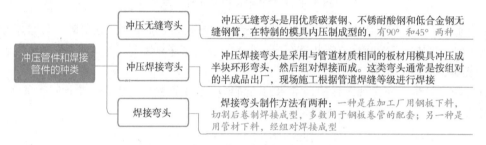

图4-7　冲压管件和焊接管件的种类

（3）高压弯头（高压管件）　高压弯头是采用优质碳素钢或低合金钢锻造而成的。根据管道连接形式，弯头两端加工成螺纹或坡口，加工精度很高。

2. 法兰

管道与阀门、管道与管道、管道与设备的连接，常采用法兰连接。采用法兰连接既有安装拆卸的灵活性，又有可靠的密封性。法兰连接是一种可拆卸的连接形式，它的应用范围很广。法兰按照其结构形式和压力不同可分为平焊法兰、对焊法兰、铸钢法兰、螺纹法兰和翻边活动法兰等几种，如图4-8所示。

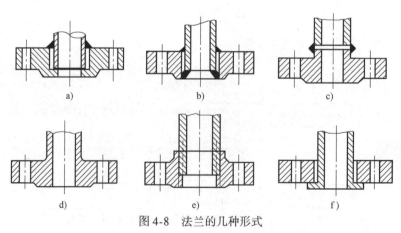

图4-8　法兰的几种形式

a）、b）平焊法兰　c）对焊法兰　d）铸钢法兰　e）螺纹法兰　f）翻边活动法兰

（1）平焊法兰　平焊法兰是中低压工业管道最常用的一种。平焊法兰与管子固定时，是将法兰套在管端，焊接法兰里口和外口，使法兰固定。平焊法兰适用于公称压力不超过 2.50MPa 的管道连接。

（2）对焊法兰　对焊法兰又称为高颈法兰。它的强度大，不易变形，密封性能较好。

（3）翻边活动法兰　翻边活动法兰多用于铜、铝等有色金属及不锈钢管道上，其优点是由于法兰可以自由活动，法兰穿螺钉时非常方便；缺点是不能承受较大的压力。适用于 0.60MPa 以下的管道连接，规格范围为 DN10～DN500。

（4）焊环活动法兰　焊环活动法兰多用于管壁比较厚的不锈钢管法兰的连接。法兰的材料为 Q235、Q255 碳素钢。它的连接方法是将与管子材质相同的焊环直接焊在管端，利用焊环做密封面，其密封面有光滑式和榫槽式两种。

（5）螺纹法兰　螺纹法兰是用螺纹与管端连接的法兰，有高压和低压两种。高压螺纹法兰被广泛应用于现代工业管道的连接。密封面由管端与透镜垫圈组成，对螺纹和管端垫圈接触面的加工要求精度很高。高压螺纹的特点是法兰与管内介质不接触，安装也比较方便。低压螺纹法兰现已逐步被平焊法兰所代替。

3. 阀门

阀门的种类很多，按其动作特点可分为两大类，即驱动阀门和自动阀门。驱动阀门是用手操纵或其他动力操纵的阀门，如截止阀、节流阀（针型阀）、闸阀、旋塞阀等；自动阀门是借助于介质本身的流量、压力或温度参数发生变化而自行动作的阀门，如止回阀（逆止阀、单流阀）、安全阀、浮球阀、减压阀、跑风阀和疏水器等。

（1）截止阀　如图 4-9 所示，截止阀主要用于热水供应及高压蒸汽管路中，其结构简单，严密性较高，制造和维修方便，阻力比较大。

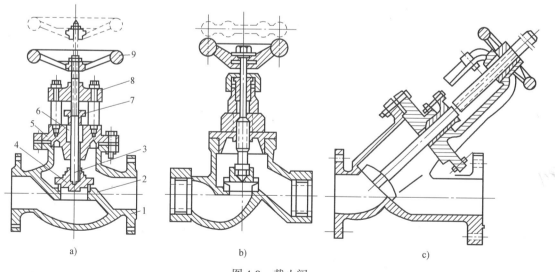

图 4-9　截止阀

a）筒形阀体　b）流线形阀体　c）直流式阀体

1—阀体　2—阀座　3—阀杆　4—阀瓣　5—阀盖　6—填料　7—填料压盖　8—阀杆螺母　9—操作手轮

选用特点：截止阀结构比闸阀简单，制造、维修方便，也可以调节流量，应用广泛。但其流动阻力大，为防止堵塞和磨损，不适用于带颗粒和黏性较大的介质。

（2）闸阀　闸阀又称闸门或闸板阀，它是利用闸板升降控制开闭的阀门，流体通过阀门时流向不变，因此阻力小。闸阀广泛用于冷、热水管道系统中，如图4-10所示。

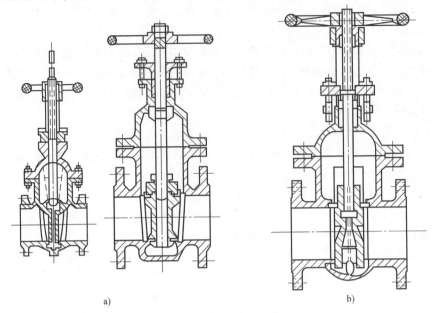

a)   b)

图 4-10　闸阀

a）楔型闸阀　b）平型闸阀

选用特点：闸阀密封性能好，流体阻力小，开启、关闭力较小，也有一定的调节流量的功能，并且能从阀杆的升降高低看出阀的开度大小，主要用在一些大口径管道上。

（3）止回阀　止回阀又称单流阀或逆止阀，它是一种根据阀瓣前后的压力差而自动启闭的阀门。

根据结构不同，止回阀可分为升降式和旋启式，如图4-11所示。升降式的阀体与截止阀的阀体相同。

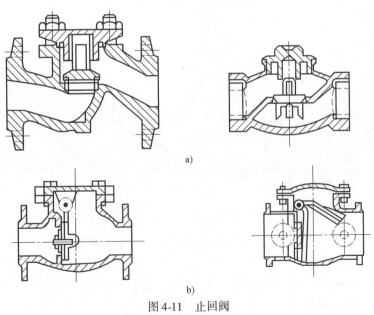

a)

b)

图 4-11　止回阀

a）升降式　b）旋启式

选用特点：止回阀一般适用于清洁介质，不适用于带固体颗粒和黏性较大的介质。

（4）蝶阀 蝶阀结构简单、体积小、质量轻，只由少数几个零件组成，如图4-12所示，而且只需旋转90°即可快速启闭，操作简单，同时具有良好的流体控制特性。蝶阀处于完全开启位置时，蝶板厚度是介质流经阀体时唯一的阻力，因此通过该阀门所产生的压力降很小，故具有较好的流量控制特性。常用的蝶阀有对夹式蝶阀和法兰式蝶阀两种。蝶阀适合安装在大口径管道上。

（5）旋塞阀 旋塞阀又称考克或转心门，主要由阀体和塞子（圆锥形或圆柱形）构成，如图4-13所示。图4-13a为扣紧式旋塞阀，在旋塞阀的下端有一螺母，把塞子紧压在阀体内，以保证严密。旋塞阀通常用于温度和压力不高的管路上。热水龙头也属于旋塞阀。

选用特点：旋塞阀结构简单，外形尺寸小，启闭迅速，操作方便，流体阻力小，便于制造三通或四通阀门，可作分配换向用。但其密封面易磨损，开关力较大。

（6）节流阀 节流阀如图4-14所示，它的构造特点是没有单独的阀盘，而是利用阀杆的端头磨光代替阀盘。节流阀多用于小口径管路上。

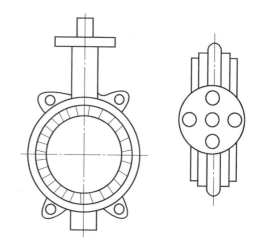

图4-12 蝶阀

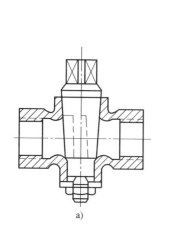
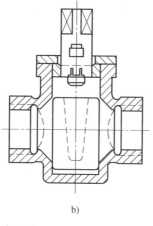

图4-13 旋塞阀
a）扣紧式 b）填料式

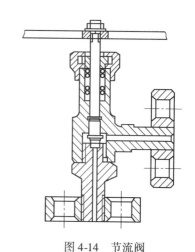

图4-14 节流阀

选用特点：节流阀的外形尺寸小巧、质量轻，主要用于仪表调节和节流；制作精度要求高，密封较好。

（7）安全阀 安全阀一般分为弹簧式和杠杆式两种，如图4-15所示。

（8）减压阀 常用的减压阀有活塞式、波纹管式及薄膜式等几种，如图4-16所示。

选用特点：减压阀只适用于蒸汽、空气和清洁水等清洁介质。在选用减压阀时要注意，不能超过减压阀的减压范围，保证在合理情况下使用。

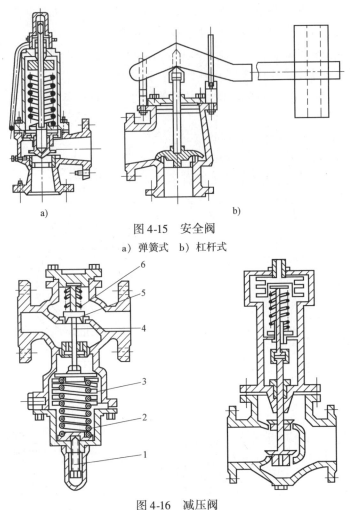

图 4-15 安全阀

a) 弹簧式 b) 杠杆式

图 4-16 减压阀

1—调节螺钉 2—调节弹簧 3—波纹箱 4—阀杆 5—阀瓣 6—辅助弹簧

(9) 疏水阀 疏水阀又称疏水器，它的作用是阻气排水，属于自动作用阀门。其种类有浮桶式、恒温式、热动力式以及脉冲式等，如图 4-17 所示。

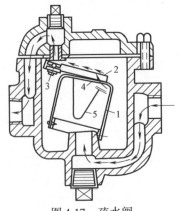

图 4-17 疏水阀

1—吊桶 2—杠杆 3—球阀 4—快速排气孔 5—双金属弹簧片

第二节　安装工程施工技术

一、切割与焊接

1. 切割

切割是各种板材、型材、管材焊接成品加工过程中的首要步骤，也是保证焊接质量的重要工序。按照金属切割过程中加热方法的不同大致可以把切割方法分为火焰切割、电弧切割和冷切割三类。

（1）火焰切割（氧—燃气切割、气割）　火焰切割（氧—燃气切割、气割）的方式可分为以下几种，如图 4-18 所示。

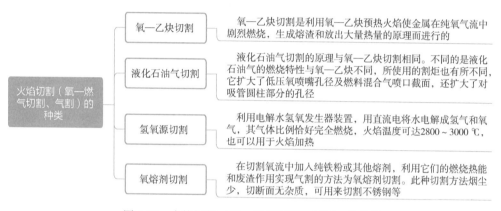

图 4-18　火焰切割（氧—燃气切割、气割）的种类

（2）电弧切割　电弧切割按生成电弧的不同可分为等离子弧切割、碳弧气割，如图 4-19 所示。

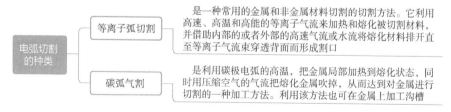

图 4-19　电弧切割的种类

（3）冷切割　冷切割是切割后工件相对变形小的切割方法，主要分为以下两类，如图 4-20 所示。

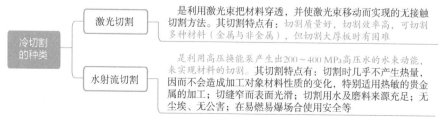

图 4-20　冷切割的种类

2. 焊接

焊接是借助于能源，使两个分离的物体产生原子（分子）间结合而连接成整体的过程，可以连接金属材料和非金属材料。按照焊接过程中金属所处的状态及工艺的特点，可以将焊接方法分为熔化焊、压力焊和钎焊三大类，如图 4-21 所示。

焊接方法	熔化焊	是利用局部加热的方法将连接处的金属加热至熔化状态而完成的焊接方法，可形成牢固的焊接接头
	压力焊	是利用焊接时施加一定压力而完成焊接的方法。这类焊接有两种形式，可加热后施压，也可直接冷压焊接，其压接接头较牢固
	钎焊	是把比被焊金属熔点低的钎料金属加热熔化至液态，然后使其渗透到被焊金属接缝的间隙中而达到结合的方法。钎焊接头一般强度较低，耐热性差

图 4-21　焊接方法

3. 焊接接头、坡口及组对

焊接连接形成的焊接接头是焊接结构最基本的要素，在多数情况下，它又是焊接结构上的薄弱环节，其突出问题是形成应力集中、劣质区、变形及残余应力的存在。所以焊接接头类型的选择必须正确，其制造、使用要参照国家有关标准进行。

焊接接头、坡口及组对如图 4-22 所示。

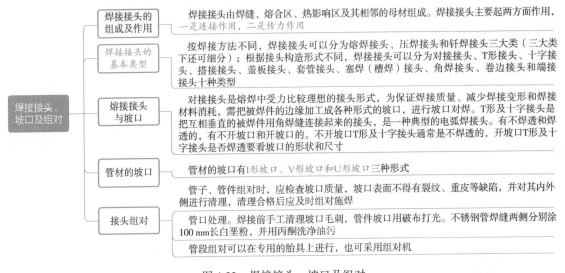

焊接接头、坡口及组对	焊接接头的组成及作用	焊接接头由焊缝、熔合区、热影响区及其相邻的母材组成。焊接接头主要起两方面作用，一是连接作用，二是传力作用
	焊接接头的基本类型	按焊接方法不同，焊接接头可以分为熔焊接头、压焊接头和钎焊接头三大类（三大类下还可细分）；根据接头构造形式不同，焊接接头可以分为对接接头、T形接头、十字接头、搭接接头、盖板接头、套管接头、塞焊（槽焊）接头、角焊接头、卷边接头和端接接头十种类型
	熔接接头与坡口	对接接头是熔焊中受力比较理想的接头形式，为保证焊接质量、减少焊接变形和焊接材料消耗，需把被焊件的边缘加工成各种形式的坡口，进行坡口对焊。T形及十字接头是把互相垂直的被焊件用角焊缝连接起来的接头，是一种典型的电弧焊接头。有不焊透和焊透的，有不开坡口和开坡口的。不开坡口T形及十字接头通常是不焊透的，开坡口T形及十字接头是否焊透要看坡口的形状和尺寸
	管材的坡口	管材的坡口有I形坡口、V形坡口和U形坡口三种形式
	接头组对	管子、管件组对时，应检查坡口质量，坡口表面不得有裂纹、重皮等缺陷，并对其内外侧进行清理，清理合格后应及时组对施焊
		管口处理。焊接前手工清理坡口毛刺，管件坡口用破布打光。不锈钢管焊缝两侧分别涂100 mm长白垩粉，并用丙酮洗净油污
		管段组对可以在专用的胎具上进行，也可采用组对机

图 4-22　焊接接头、坡口及组对

二、防锈、防腐蚀和绝热工程

1. 除锈和刷油

为了防止工业大气、水及土壤对金属的腐蚀，设备、管道及附属钢结构外部涂层是防腐蚀的重要措施。

（1）除锈（表面处理）　钢材置于室外或露天条件下容易生锈，不但影响外观质量，还会影响喷漆、防腐等工艺的正常进行，尤其对于涂层，会直接导致涂层的破坏、剥落和脱层。未处理表面的原有铁锈及杂质的污染，如油脂、水垢、灰尘等都会直接影响防腐层与基体表面的粘合和附着。因此，在设备施工前，必须十分重视表面处理。

1）钢材表面原始锈蚀分级。钢材表面原始锈蚀分为 A、B、C、D 四级，如图 4-23 所示。

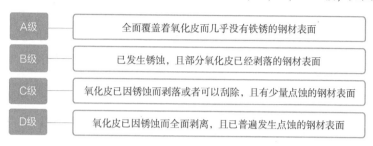

图 4-23 钢材表面原始锈蚀分级

2）钢材表面除锈质量等级。钢材表面除锈质量等级见表 4-1。

表 4-1 钢材表面除锈质量等级

质量等级	内 容
St_2	彻底的手工和动力工具除锈。钢材表面无可见的油脂和污垢，且没有附着不牢的氧化皮、铁锈和油漆涂层等附着物。可保留粘附在钢材表面且不能被钝油灰刀剥掉的氧化皮、锈和旧涂层
St_3	非常彻底的手工和动力工具除锈。钢材表面无可见的油脂和污垢，且没有附着不牢的氧化皮、铁锈和油漆涂层等附着物，除锈应比 St_2 更为彻底，底材显露部分的表面应具有金属光泽
Sa_1	轻度的喷射或抛射除锈。钢材表面无可见的油脂和污垢，且没有附着不牢的氧化皮、铁锈和油漆涂层等附着物
Sa_2	彻底的喷射或抛射除锈。钢材表面无可见的油脂和污垢，且氧化皮、铁锈和油漆涂层等附着物已基本清除，其残留物应是牢固附着的
$Sa_{2.5}$	非常彻底的喷射或抛射除锈。钢材表面无可见的油脂、污垢、氧化皮、铁锈和油漆层等附着物，任何残留的痕迹仅是点状或条纹状的轻微色斑
Sa_3	使钢材表观洁净的喷射或抛射除锈。非常彻底地除掉金属表面的一切杂物，表面无任何可见残留物及痕迹，呈现均匀的金属色泽，并有一定的粗糙度
F_1	火焰除锈。钢材表面应无氧化皮、铁锈和油漆涂层等附着物，任何残留的痕迹应仅为表面变色（不同颜色的暗影）

3）金属表面处理方法。钢材的表面处理方法主要有手工方法、机械方法、化学方法及火焰除锈方法四种。目前，常用机械方法中的喷砂处理。

① 手工方法。手工除锈是一种最简单的方法，主要使用刮刀、砂布、钢丝刷、锤、凿等手工工具，进行手工打磨、刷、铲、敲击等操作，从而除去锈垢，然后再用有机溶剂如汽油、丙酮、苯等，将浮锈和油污洗净。适用于一些较小的物件表面及没有条件用机械方法进行表面处理的设备表面处理。

② 机械方法。机械除锈是利用机械产生的冲击、摩擦作用对工件表面除锈的一种方法，适用于大型金属表面的处理。机械除锈方法的分类见表 4-2。

表 4-2 机械除锈方法的分类

项 目	内 容
干喷砂法	干喷砂法是目前广泛采用的方法，用于清除物件表面的锈蚀、氧化皮及各种污物，使金属表面呈现一层较均匀而粗糙的表面，以增加漆膜的附着力 干喷砂法的主要优点是效率高、质量好、设备简单；但其操作时灰尘弥漫，劳动条件差，严重影响工人的健康，且影响到喷砂区附近机械设备的生产和保养
湿喷砂法	湿喷砂法分为水砂混合压出式和水砂分路混合压出式 湿喷砂法的主要特点是灰尘很少，但其效率及质量均比干喷砂法差，且湿砂回收困难

（续）

项　目	内　容
无尘喷砂法	无尘喷砂法是一种新的喷砂除锈方法。其特点是使加砂、喷砂、集砂（回收）等操作过程连续化，使砂流在一密闭系统里循环不断流动，从而避免了粉尘的飞扬 无尘喷砂法的特点是设备复杂、投资高，但由于其操作条件好，劳动强度低，仍是一种有发展前途的机械喷砂法
抛丸法	抛丸法是利用高速旋转（2000r/min 以上）的抛丸器的叶轮抛出的铁丸（粒径为 0.3~3mm 的铁砂），以一定角度冲撞被处理的物件表面 此法的特点是除锈质量高，但只适用于较厚的、不怕碰撞的工件
滚磨法	滚磨法适用于成批小零件的除锈
高压水流除锈法	高压水流除锈法是采用压力为 10~15MPa 的高压水流，在水流喷出过程中掺入少量石英砂（粒径最大为 2mm），水与砂的比例为 1∶1，形成含砂高速射流，冲击物件表面进行除锈。此法是一种新的大面积高效除锈方法

③ 化学方法（也称酸洗法）。化学除锈就是把金属制件在酸液中进行浸蚀加工，以除掉金属表面的氧化物及油垢等。主要适用于对表面处理要求不高、形状复杂的零部件及在无喷砂设备条件的除锈场合。

④ 火焰除锈。火焰除锈的主要工艺是先将基体表面锈层铲掉，再用火焰烘烤或加热，并配合使用动力钢丝刷清理加热表面。此种方法适用于除掉旧的防腐层（漆膜）或带有油浸过的金属表面工程，不适用于薄壁的金属设备、管道，也不能用在退火钢和可淬硬钢除锈工程。

（2）涂覆　涂覆是安装工程施工中的一项重要工程内容，设备、管道及附属钢结构经除锈（表面处理）后，即可在其表面涂覆。

1）涂覆方法。涂覆方法主要有以下几种，如图 4-24 所示。

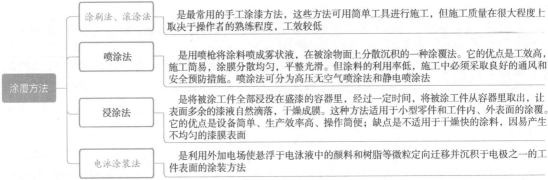

图 4-24　涂覆方法

电泳漆膜的性能明显优于其他涂装涂层，其优、缺点如图 4-25 所示。

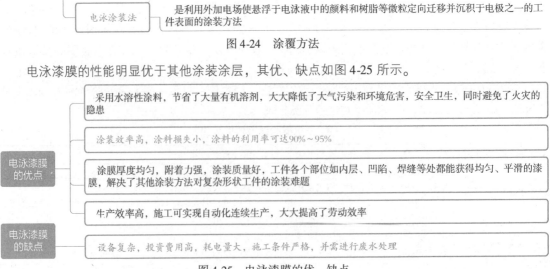

图 4-25　电泳漆膜的优、缺点

2）常用涂料的涂覆方法。常用涂料的涂覆方法见表 4-3。

表 4-3　常用涂料的涂覆方法

涂　料	涂 覆 方 法
生漆（大漆）	由于生漆黏度大，不宜喷涂，施工都采用涂刷，一般涂 5~8 层，为了增加漆膜强度，可采用生漆衬麻布或纱布，绸布应在稀释的漆液中浸透后，再紧贴在底层漆上，然后再涂刷面漆。全部涂覆完的设备，在 20℃左右气温中放置 2~3d 才可使用
漆酚树脂漆	漆酚树脂漆可喷涂也可涂刷，一般采用涂刷。漆膜宜在 10~35℃ 和相对湿度 80%~90% 的条件下干燥，严禁在雪、雨、雾天进行室外施工。一般含有填料的底漆，干燥时间为 24~27h。底漆完全硬化后，即可涂刷面漆，每道面漆经 12~24h 干透后，再进行下一道工序
酚醛树脂漆	涂覆方法有涂刷、喷涂、浸涂和浇涂等。每一层涂层自然干燥后必须进行热处理
沥青漆	沥青漆一般采用涂刷法。若沥青漆黏度过高，不便施工，可用 200 号溶剂汽油、二甲苯、松节油、丁醇等稀释后使用
无机富锌漆	无机富锌漆在有酸、碱腐蚀介质中使用时，一般需涂上相应的面漆，如环氧—酚醛漆、环氧树脂漆、过氯乙烯漆等，面漆层数不得少于 2 层。耐热度为 160℃ 左右
聚乙烯涂料	聚乙烯涂料的施工方法有火焰喷涂法、沸腾床喷涂法和静电喷涂法

2. 衬里

衬里是一种综合利用不同材料的特性、具有较长使用寿命的防腐方法。根据不同的介质条件，大多数是在钢铁或混凝土设备上衬高分子材料、非金属材料，对于温度、压力较高的场合可以衬耐腐蚀金属材料。

（1）玻璃钢衬里

1）玻璃钢衬里的构成。一般玻璃钢衬里层是由底层、腻子层、增强层、面层四部分构成的，如图 4-26 所示。

图 4-26　玻璃钢衬里的构成

2）玻璃钢衬里的施工工序。玻璃钢衬里工程常用的施工方法为手工糊衬法，其中有分层间断贴衬和多层连续贴衬两种糊衬方法。其施工工序如图 4-27 所示。

在上述工序中必须注意，加热固化不能采用明火方式，可采用间接蒸汽加热或其他加热形式。对于有些聚酯玻璃钢，采用常温固化即可。

分层间断贴衬与多层连续贴衬方法的工序基本相同，不同的是：前者涂刷底漆后待干燥至不

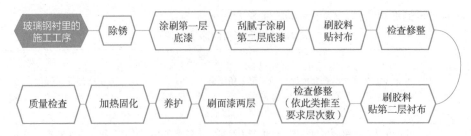

图 4-27　玻璃钢衬里的施工工序

粘手后进行下道工序，每贴上一层玻璃纤维衬布后都要自然干燥 12～24h 再进行下一道工序；后者则不待上一层固化就进行下一层贴衬，此方法工作效率显然比前者高，但质量不易保证。

（2）橡胶衬里　热硫化橡胶板衬里施工一般采用手工粘合。橡胶衬里的施工如图 4-28 所示。

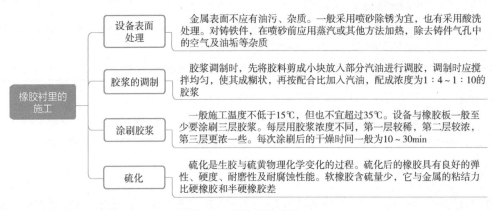

图 4-28　橡胶衬里的施工

（3）衬铅和搪铅衬里　衬铅和搪铅是两种覆盖铅的方法。

将铅板用压板、螺栓、搪钉固定在设备或被衬物件表面上，再用铅焊条将铅板之间焊接起来，形成一层将设备与介质隔离开的防腐层，称为衬铅。一般采用搪钉固定法、螺栓固定法和压板条固定法。

采用氢—氧焰将铅条熔融后贴覆在被衬的物件或设备表面上，形成具有一定厚度的密实的铅层，这种防腐做法称为搪铅。

（4）砖、板衬里　它是将砖、板块材用具有一定粘结性和耐蚀性能的胶泥砌衬在金属或非金属设备、管道内壁表面达到防腐蚀作用的一种防腐手段，称为砖、板衬里工程。

在施工时应注意以下几点，如图 4-29 所示。

（5）软聚氯乙烯板衬里　首先根据需衬里的部位，对软板剪裁下料，尽量减少焊缝，形状复杂的衬里应制作样板，按样板下料。软板接缝应采用热风枪本体熔融加压焊接法，不宜采用烙铁烫焊法和焊条焊接法，搭接宽度为 20～25mm。必要时，软板表面应用酒精进行脱脂处理。焊接时，应用分段预热法将焊道预热到发软，立即进行焊接。

图 4-29　施工时应注意的问题

3. 喷镀（涂）

金属喷涂是用熔融金属的高速粒子流喷在基体表面上以产生覆层的材料保护技术。金属喷涂是解决防腐蚀和机械磨损修补的工艺，采用金属丝或金属粉末材料，为此，又称金属丝喷涂法和金属末喷涂法。

应用最多的金属材料是锌、铝和铝锌合金，主要用以保护钢铁材质的大型结构件。

金属喷涂的方法有燃烧法和电加热法，均以压缩空气作为雾化气将熔化的金属喷射到被镀物件表面。

金属喷涂的施工工序如图4-30所示。

图 4-30　金属喷涂的施工工序

喷涂设备及工具有：空气压缩机、乙炔发生器（乙炔气瓶）、氧化瓶、空气冷却器、油水分离器、储气罐、喷枪。

4. 绝热工程

绝热工程是指在生产过程中，为了保持正常生产的温度范围，减少热载体（如过热蒸汽、饱和水蒸气、热水和烟气等）和冷载体（如液氨、液氮、冷冻盐水和低温水等）在输送、储存和使用过程中热量和冷量的散失浪费，降低能源消耗和产品成本，对设备和管道所采取的保温和保冷措施。绝热工程按用途可以分为保温、加热保温和保冷三种。

（1）绝热目的　绝热的目的是减少热损失，节约热量；改善劳动条件，保证操作人员安全；防止设备和管道内液体冻结；防止设备或管道外表面结露；减少介质在输送过程中的温度下降；防止发生火灾；提高耐火绝缘等级；防止蒸发损失。

（2）常用绝热材料　绝热材料应选择热导率小、无腐蚀性、耐热、持久、性能稳定、重量轻、有足够强度、吸湿性小、易于施工成型的材料。

绝热材料的种类很多，比较常用的有岩棉、玻璃棉、矿渣棉、石棉、硅藻土、膨胀珍珠岩、聚氨酯泡沫塑料、聚苯乙烯泡沫塑料、泡沫玻璃等。

（3）绝热施工

1）绝热层施工。绝热层施工见表4-4。

表 4-4　绝热层施工

项　目	内　容
涂抹绝热层	这种结构已较少采用，只有小型设备外形较复杂的构件或临时性保温才使用。其施工方法是将管道、设备壁清扫干净，焊上保温钩（间距一般为250～300mm），垂直管道和设备的外壁焊上钢板托环，刷防腐漆后，再将粉状绝热材料（如石棉灰、硅藻土等）加水调制成胶泥状，分层进行涂抹。第一层（底层）为了增加绝热胶泥与保温面的附着力和结合力，可用较稀的胶泥散数，厚度为3～5mm；待完全干后再敷第二层，厚度为10～15mm；第二层干后再敷第三层，厚度为20～25mm，以后分层涂抹，直到达到设计要求厚度为止。然后外包镀锌钢丝网一层，用镀锌钢丝绑在保温钩上，外面再抹15～20mm保护层，保护层应光滑无裂缝 涂抹绝热层，整体性好，与保温面结合较牢固，不受保温面形状限制，价格也较低，施工作业简单，但劳动强度大，工期较长，不能在0℃以下施工
充填绝热层	将散粒状绝热材料如矿渣棉、玻璃棉、超细玻璃棉，以及珍珠岩散料等，直接充填到为保温体制作的绝热模具中形成绝热层，这是最简单的绝热结构。模具可用砖砌、木板、铁板制作，或用钢丝网捆制。这种结构常用于表面不规则的管道、阀门、设备的保温

（续）

项 目	内 容
绑扎绝热层	它是目前应用最普遍的绝热层结构形式，主要用于管、柱状保温体的预制保温瓦和保温毡等绝热材料的施工。施工时，根据管径大小选用规格配套的预制瓦块，用镀锌钢丝将瓦块绑扎在保温体上。对于珍珠岩瓦块、蛭石瓦块的绑扎施工，为使保温层与保温面结合紧密，应先抹一层35mm厚的用石棉灰或硅藻土调制的胶泥，然后再绑扎瓦块。保温瓦应将横向接缝错开，内、外层盖缝绑扎，接缝缝隙用胶泥填抹，且每一层用胶泥找平后再进行下一层的绑扎施工。对矿渣棉毡、玻璃丝毡等绝热材料，不需涂抹胶泥，只需直接绑扎。绑扎采用直径为1~2mm的镀锌钢丝，间距不大于300mm，且每块长瓦上至少绑扎两处，每处绑扎不少于两圈。线头嵌入保温瓦接缝中，不允许用螺旋缠绕法绑扎
粘贴绝热层	它是目前应用广泛的绝热层结构形式，主要用于非纤维材料的预制保温瓦、保温板等绝热材料的施工。如水泥珍珠岩瓦、水玻璃珍珠岩瓦、聚苯乙烯泡沫塑料块等。施工时，将保温瓦块利用胶粘剂直接粘结在保温面上即可。常用的胶粘剂有沥青玛蹄脂、聚氨酯胶粘剂、醋酸乙烯乳胶、环氧树脂等。涂刷胶粘剂时应均匀饱满，粘结保温瓦时接缝应相互错开，错缝方法与绑扎法相同
钉贴绝热层	它主要用于矩形风管、大直径管道和设备容器的绝热层施工中，适用于各种绝热材料加工成型的预制件，如珍珠岩板、矿渣棉板等。它用保温钉代替胶粘剂或捆绑钢丝，把绝热预制件钉固在保温面上，形成绝热层
浇灌绝热层	它是将发泡材料在现场浇灌入被保温的管道、设备的模壳中，发泡成保温层结构。这种结构过去用于地沟内的管道保温，即在现场浇灌泡沫混凝土保温层，近年来，随着泡沫塑业工业的发展，对管道、阀门、管件法兰及其他异形部件的保冷，常用聚氨酯泡沫塑料在现场发泡，以形成良好的保冷层
喷塑绝热层	它是近年来发展起来的一种新的施工方法。它适用于以聚苯乙烯泡沫塑料、聚氯乙烯泡沫塑料、聚氨酯泡沫塑料作为绝热层的喷涂法施工。如化工厂制冷装置的保冷是将聚氨酯泡沫塑料原料在现场喷涂于管道、设备外壁，使其瞬间发泡，形成闭孔泡沫塑料保冷层。这种结构施工方便、施工工艺简单、施工效率高，且不受绝热面几何形状限制，无接缝，整体性好。但要注意施工安全和劳动保护。喷涂聚氨酯泡沫塑料时，应分层喷涂，一次完成。第一次喷涂厚度不应大于40mm
闭孔橡胶挤出发泡材料	这种新型保温材料是由闭孔型丁腈橡胶共混橡塑发泡材料，采用挤出加工工艺，结合发泡工艺连续化制作而成的。这种材料的独立泡孔结构及共混橡塑材质的柔弹性赋予了它保温性能优异、质地柔软、手感舒适、施工方便的特性，还具有阻燃性好，耐严寒、潮湿、日照，以及在120℃下长期使用不易老化变质的优点

2）防潮层施工。防潮层过去常用沥青油毡和麻刀石灰泥为主要材料制作，但是沥青油毡过分卷折时会断裂，且施工作业条件较差，仅适用于大直径和平面防潮层。现在工程上用作防潮层的材料主要有两种：一种是以玻璃丝布做胎料，两面涂刷沥青玛蹄脂制作；另一种是以聚氯乙烯塑料薄膜制作。

① 阻燃性沥青玛蹄脂玻璃布做防潮隔气层时，是在绝热层外面涂抹一层2~3mm厚的阻燃性沥青玛蹄脂，接着缠绕一层玻璃布或涂塑窗纱布，然后再涂抹一层2~3mm厚阻燃性沥青玛蹄脂形成。此法适用于在硬质预制块做的绝热层或涂抹的绝热层上面使用。

② 塑料薄膜做防潮隔气层时，是在保冷层外表面缠绕1~2层聚乙烯或聚氯乙烯薄膜，注意搭接缝宽度应在100mm左右，一边缠一边用热沥青玛蹄脂或专用胶粘剂粘结。这种防潮层适用于纤维质绝热层面上。

3）保护层施工。绝热结构外层必须设置保护层，以阻挡环境和外力对绝热材料的影响，延长绝热结构的寿命。保护层应使绝热结构外表整齐、美观，保护层结构应严密和牢固，在环境变化和振动情况下不渗雨、不裂纹、不散缝、不坠落。

用作保护层的材料很多，工程上常用的有塑料薄膜或玻璃丝布、石棉石膏或石棉水泥、金属薄板等，如图 4-31 所示。

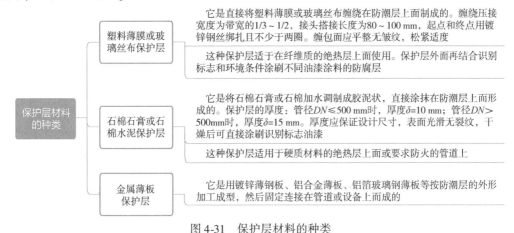

图 4-31 保护层材料的种类

三、吊装工程

1. 吊装机械

（1）起重机的基本参数和荷载

1）起重机的基本参数。起重机的基本参数主要有额定起重量、最大工作幅度、最大起升高度和工作速度等，这些参数是制订吊装技术方案的重要依据，如图 4-32 所示。

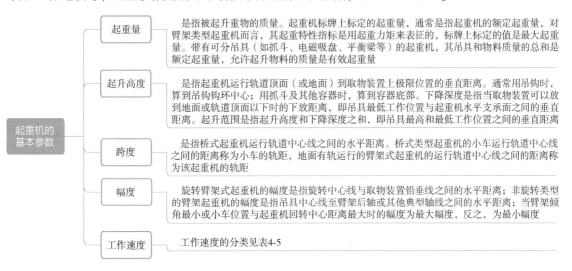

图 4-32 起重机的基本参数

表 4-5 工作速度的分类

项　目	内　容
运行速度	起重机工作机构在额定荷载下稳定运行的速度
起升速度	起重机在稳定运行状态下，额定荷载的垂直位移速度
大车运行速度	起重机在水平路面或轨道上带额定荷载的运行速度
小车运行速度	稳定运行状态下，小车在水平轨道上带额定荷载的运行速度

(续)

项　目	内　容
变幅速度	稳定运行状态下，在变幅平面内吊挂最小额定荷载，从最大幅度至最小幅度的水平位移平均线速度
行走速度	在道路行驶状态下，流动式起重机吊挂额定荷载的平稳运行速度
旋转速度	稳定运行状态下，起重机绕其旋转中心的旋转速度

2）荷载。荷载的分类见表4-6。

表4-6　荷载的分类

项　目	内　容
动荷载	起重机在吊装重物运动的过程中，要产生惯性荷载，习惯上称此荷载为动荷载。在起重工程中，以动载系数计入其影响，一般取动载系统 K_1 为1.1
不均衡荷载	在多分支（多台起重机、多套滑轮组、多根吊索等）共同抬吊一个重物时，由于工作不同步，这种现象称为不均衡。在起重工程中，以不均衡荷载系数计入其影响，一般取不均衡荷载系数 K_2 为1.1～1.2
计算荷载	在起重工程的设计中，为了计入动荷载、不均衡荷载的影响，常以计算荷载作为计算依据。计算荷载的一般公式为 $$Q_i = K_1 K_2 Q$$ 式中　Q_i——计算荷载 　　　Q——设备及索吊具重量
风荷载	起重安全操作规程规定了只能在一定的风力等级以下进行吊装作业，但对于起升高度较高，重物体积较大的场合，风的影响仍不可忽视。风对起重机、重物等的影响称为风荷载。风荷载必须根据其具体情况进行计算，风荷载的计算必须考虑标准风压、迎风面积、风载体型参数、高度修正参数等因素

（2）常用的索具　吊装常用的索具包括绳索、吊装工具、滑车、牵引设备等。

1）常见的绳索有麻绳、尼龙带和钢丝绳，如图4-33所示。

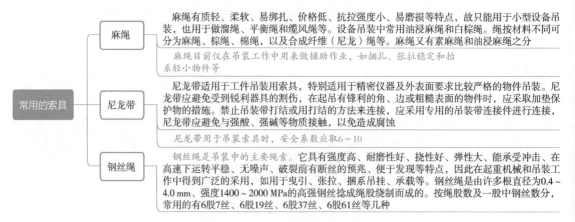

图4-33　常用的索具

2）吊装工具。常用的吊装工具是吊钩、卡环、绳卡（夹头）和吊梁等。

3）滑车。使用滑车的目的：一是承受吊装力和牵引力，二是改变牵引绳索的方向。

滑车一般用作定滑车、动滑车、导向滑车、平衡滑车等，也常由两个滑车组成滑车组。

滑车的分类如图4-34所示。

使用滑车时，应根据其允许荷载值来选用。滑车的允许荷载根据滑车和轴的直径确定。一般滑车上都标有常用钢滑车的允许荷载。同时，使用中还应注意滑轮直径不得小于钢丝绳直径的12倍，以减少绳的弯曲应力。

图 4-34　滑车的分类

4）牵引设备。在设备吊装中常用的牵引设备见表4-7。

表 4-7　常用的牵引设备

项　目	内　容
电动卷扬机	一般大、中型设备吊装均用电动卷扬机，它具有牵引力大、速度快、结构紧凑、操作方便和安全可靠等特点 电动卷扬机有单筒和双筒两种，又分为可逆式和摩擦式两类。设备吊装中常用齿轮传动的可逆式慢速卷扬机，它由电动机、联轴器、制动器、减速器、带大齿轮的卷筒、控制开关和机架等组成。钢丝绳额定拉力（kN）有 3、5、10、15、30、50、80、100、120、160、200、320、500 共13 种，其中设备吊装最常用的有 30、50、80、100 等几种
手动卷扬机	手动卷扬机仅用于无电源和起重量不大的起重作业。它靠改变齿轮传动比来改变起重量和升降速度 手动卷扬机钢丝绳的额定拉力（kN）有 5、10、30 和 50 等几种
绞磨	绞磨是一种人力驱动的牵引机械。它由鼓轮、中心轴、支架和推杆四部分组成，具有结构简单、易于制作、操作容易、移动方便等优点，一般用于起重量不大、起重速度较慢又无电源的起重作业中。使用绞磨作为牵引设备，需用较多的人力，劳动强度也大，且工作的安全性不如卷扬机

（3）起重设备

1）起重设备的分类。起重设备可分为轻小型起重设备、桥架型起重机、臂架型起重机等。桥架型起重机和臂架型起重机是使用量最大、种类最多的起重设备。

2）半机械化吊装设备。半机械化吊装设备按结构和吊装形式不同的分类见表4-8。

表 4-8　半机械化吊装设备按结构和吊装形式不同的分类

项　目	内　容
独脚桅杆	独脚桅杆简称"拔杆"或"抱杆"，按制作材料的不同可分为木独脚桅杆、钢管独脚桅杆和用型钢制作的格构式独脚桅杆等。木独脚桅杆的起重高度在 15m 以内，起重量在 20t 以下；钢管独脚桅杆的起重高度一般在 25m 以内，起重量在 30t 以下；格构式独脚桅杆的起重高度可达 70 余 m，起重量可达 100 余 t。独脚桅杆一般有 6～12 根缆风绳，不得少于 5 根。单根独脚桅杆适用于预制柱、梁和屋架等构件的吊装，多根独脚桅杆的组合可用于大型结构的整体吊装
人字桅杆	两根钢管、圆木或格构式钢架组成"人"字形架，架顶可以采用绑扎或铰接并悬挂滑轮组。桅杆两脚距离为高度的 1/3～1/2，并在下部系沿滑拉紧绳（或杆），桅杆顶部要有 5 根以上的缆风绳，它可以和绞磨及卷扬机联合使用。人字桅杆起重量大，稳定性也较好，可用于吊装重型柱等构件
三脚架及四脚架	对于直径较大的管子下地沟，可采用挂有滑车的三脚或四脚架
桅杆式起重机	图 4-35 是一台型钢格构桅杆式起重机，其直立桅杆顶端可以升降和回转的吊杆。吊杆铰接在桅杆的下端，或者和桅杆分别安装在底盘上，底盘可以是固定式的，也可以做成可旋转式 用圆木制作的桅杆式起重机起重量为 5t，可吊装小型构件；用钢管制作的桅杆式起重机起重量达 10t 左右，可吊装较大型设备；钢格构桅杆式起重机可吊装 15t 以上的设备 大型桅杆式起重机起重量可达 60t，桅杆设计可达 80m，用于重型工厂构件的吊装。桅杆式起重机的缆风绳至少有 6 根，并根据缆风绳最大接力选择钢丝绳和地锚

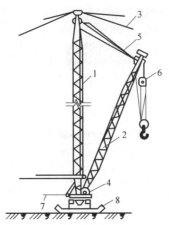

图 4-35　型钢格构桅杆式起重机
1—桅杆　2—起重杆　3—缆风绳　4—转盘　5—变幅滑动组
6—起重滑车组　7—回转索　8—底盘

3）机械化吊装设备。安装工程常用的机械化吊装设备见表 4-9。它们用于大型设备及大直径的管道吊装。

表 4-9　安装工程常用的机械化吊装设备

项　目		内　容
自行式起重机	汽车起重机	汽车起重机是将起重机构安装在通用或专用汽车底盘上的起重机械。它具有汽车的行驶通过性能，机动性强，行驶速度高，可以快速转移，是一种用途广泛、适用性强的通用型起重机，特别适用于流动性大、不固定的作业场所。汽车起重机广泛用于工厂、矿山、油田、港口、建筑工地、交通运输、国防建设等部门的装卸及安装作业 汽车起重机按起重量大小可分为轻型汽车起重机（起重量在 5t 以下），中型汽车起重机（起重量在 5 ~ 15t），重型汽车起重机（起重量在 15 ~ 50t），超重型汽车起重机（起重量在 50t 以上），现已生产出 50 ~ 125t 的大型汽车起重机。按支腿形式分为蛙式支腿、X 形支腿、H 形支腿。蛙式支腿跨距较小，仅适用于较小吨位的起重机；X 形支腿容易产生滑移，也很少采用；H 形支腿可实现较大跨距，对整机的稳定有明显的优越性。所以我国生产的液压汽车起重机多采用 H 形支腿。按传动装置的传动方式可分为机械传动、电传动、液压传动三类，按起重装置在水平面可回转范围可分为全回转式汽车起重机（转台可任意旋转 360°）和非全回转式汽车起重机（转台回转角小于 270°），按吊臂的结构形式可分为折叠式吊臂、伸缩式吊臂和桁架式吊臂汽车起重机
	轮胎起重机	轮胎起重机是一种装在专用轮胎式行走底盘上的起重机，它的行驶速度低于汽车起重机，高于履带起重机，转弯半径小，越野性能好，上坡能力达 17% ~ 20%；一般使用支腿吊重，在平坦地面可不用支腿，可吊重慢速行驶；稳定性能较好，车身短，转弯半径小，适用于场地狭窄的作业场所，可以全回转作业。它与汽车起重机有许多相同之处，主要差别是行驶速度慢，对路面要求较高。适用于作业地点相对固定而作业量较大的场合，广泛运用于港口、车站、工厂和建筑工地货物的装卸及安装
	履带起重机	履带起重机是在行走的履带底盘上装有起重装置的起重机械，是自行式、全回转的一种起重机械。它具有操作灵活，使用方便，稳定性好，与地面接触面积大，对地面的平均比压小，在一般平整坚实的场地上可以载荷行驶作业的特点。起重量达 1000t，它是吊装工程中常用的起重机械，适用于没有道路的工地、野外等场所。除起重作业外，在臂架上还可装设打桩、抓斗、拉铲等工作装置，一机多用。因此，履带起重机广泛应用于建筑、采矿、交通、港口、能源等部门的安装作业、基础工程及转运构件等作业
	塔式起重机	塔式起重机是一种具有竖直塔身的全回转臂式起重机 塔式起重机的类型很多，按有无行走机构可分为固定式和移动式两种，前者固定在地面或建筑物上，后者则按其行走装置分为履带式、汽车式、轮胎式和轨道式四种；按其回转形式可分为上回转和下回转两种；按其变幅方式可分为水平臂架小车变幅和动臂变幅两种；按其安装形式可分为自升式、整体快速拆装和拼装式三种。目前应用最广的是下回转、快速拆装、轨道式塔式起重机，以及能够一机四用（轨道式、固定式、附着式和内爬式）的自升塔式起重机。拼装式塔式起重机因拆装工作量大逐渐被淘汰。塔式起重机是工业、民用建筑机械施工的重要设备，同时也广泛用于电站、港口、料场、仓库等建筑工程施工、安装、装卸和堆垛等

（续）

项　目		内　容
桥式起重机	电动双梁桥式起重机	主要部件为桥架部分、桥架运行机构和行车部分。主要用于厂矿、仓库、车间，在固定跨度间作起重装卸及搬运重物之用
	桥式锻造起重机	该机用于水压机车间，配合水压机进行锻造工作。此外，还可以进行工件运输工作，一般配合 1600～8000t 水压机使用
门式起重机		门式起重机是桥式起重机的一种变形。主要用于室外的货场、料场和散货的装卸作业。它的金属结构像门形框架，承载主梁下安装两条支脚，可以直接在地面的轨道上行走，主梁两端可以有外伸悬臂梁。门式起重机具有场地利用率高、作业范围大、适用面广、通用性强等特点，在港口货场得到广泛使用

（4）自行式起重机的特性曲线及选用

1）自行式起重机的特性曲线。一台某一额定载荷的自行式起重机，不是在任何时候都可以吊装额定载荷，随着臂杆的伸长，工作幅度的增加而按一定规律减小，其能达到的最大起升高度也随着臂杆的缩短、工作幅度的增加而按一定规律减小。这种反映自行式起重机的起重能力随臂长、工作幅度的变化而变化的规律和反映自行式起重机的最大起升高度随臂长、工作幅度变化而变化的规律曲线称为起重机的特性曲线。每台起重机都有其自身的特性曲线，不能换用，即使起重机型号相同也不允许换用。

规定起重机在各种工作状态下允许吊装载荷的曲线，称为起重量特性曲线，它考虑了起重机的整体抗倾覆能力、起重臂的稳定性和各种机构的承载能力等因素。在计算起重机载荷时，应计入吊钩和索、吊具的重量。

反映起重机在各种工作状态下能够达到的最大起升高度的曲线称为起升高度特性曲线，它考虑了起重机的起重臂长度、倾角、铰链高度、臂头因承载而下垂的高度、滑轮组的最短极限距离等因素。

2）自行式起重机的选用。自行式起重机应根据被吊装设备或构件的就位位置、现场具体情况等确定起重机的站车位置，站车位置一旦确定，其工作幅度也就确定了。然后根据被吊装设备或构件的就位高度、设备尺寸、吊索高度和站车位置，由特性曲线来确定起重机的臂长。再根据上述已确定的工作幅度、臂长，由特性曲线确定起重机能够吊装的载荷。如果起重机能够吊装的载荷大于被吊装设备或构件的重量时，则起重机选择合适，否则重复上述过程再进行新的选择。

2. 吊装方法

（1）半机械化吊装　常用的半机械化吊装方法有直立单桅杆滑移吊装法、斜立单桅杆偏心提吊法、单桅杆旋转法、单桅杆扳倒法、双桅杆滑移法、双桅杆递夺法、联合吊装法和吊推法，如图 4-36 所示。

（2）机械化吊装　在用起重机吊装设备时，吊装形式可归纳为单机吊装、双机吊装、三机或多机吊装等。

1）单机吊装。单机吊装是用一台起重机垂直地把设备吊装到基础上，在提升设备过程中起重机逐步向设备基础靠近，将设备吊装到基础上就位。单机吊装的方法有旋转法和滑行法两种，如图 4-37 所示。

2）多台起重机吊装。多台起重机吊装的方法见表 4-10。

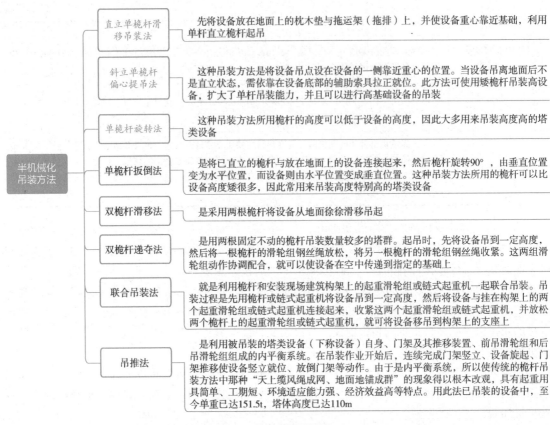

图 4-36　半机械化吊装方法

直立单桅杆滑移吊装法	先将设备放在地面上的枕木垫与拖运架（拖排）上，并使设备重心靠近基础，利用单杆直立桅杆起吊
斜立单桅杆偏心提吊法	这种吊装方法是将设备吊点设在设备的一侧靠近重心的位置。当设备吊离地面后不是直立状态，需依靠在设备底部的辅助索具拉正就位。此方法可使用矮桅杆吊装高设备，扩大了单杆吊装能力，并且可以进行高基础设备的吊装
单桅杆旋转法	这种吊装方法所用桅杆的高度可以低于设备的高度，因此大多用来吊装高度高的塔类设备
单桅杆扳倒法	是将已直立的桅杆与放在地面上的设备连接起来，然后桅杆旋转90°，由垂直位置变为水平位置，而设备则由水平位置变成垂直位置。这种吊装方法所用的桅杆可以比设备高度矮很多，因此常用来吊装高度特别高的塔类设备
双桅杆滑移法	是采用两根桅杆将设备从地面徐徐滑移吊起
双桅杆递夺法	是用两根固定不动的桅杆吊装数量较多的塔群。起吊时，先将设备吊到一定高度，然后将一根桅杆的滑轮组钢丝绳放松，将另一根桅杆的滑轮组钢丝绳收紧。这两组滑轮组动作协调配合，就可以使设备在空中传递到指定的基础上
联合吊装法	就是利用桅杆和安装现场建筑构架上的起重滑轮组或链式起重机一起联合吊装。吊装过程是先用桅杆或链式起重机将设备吊到一定高度，然后将设备与挂在构架上的两个起重滑轮组或链式起重机连接起来，收紧这两个起重滑轮组或链式起重机，并放松两个桅杆上的起重滑轮组或链式起重机，就可将设备移到构架上的支座上
吊推法	是利用被吊装的塔类设备（下称设备）自身、门架及其推移装置、前吊滑轮组和后吊滑轮组组成的内平衡系统。在吊装作业开始后，连续完成门架竖立、设备旋起、门架推移使设备竖立就位、放倒门架等动作。由于是内平衡系统，所以使传统的桅杆吊装方法中那种"天上缆风绳成网、地面地锚成群"的现象得以根本改观，具有起重用具简单、工期短、环境适应能力强、经济效益高等特点。用此法已吊装的设备中，至今单重已达151.5t，塔体高度已达110m

图 4-37　单机吊装的方法

旋转法	起重机边起钩边回转，使设备绕底座旋转而吊起设备的吊装方法称为旋转法。用旋转法吊装设备时，为提高吊装的工作效率，在运输设备时，应使设备的吊点、设备底座中心和设备基础中心在以起重机停点为圆心，停点至设备吊点的距离（即吊装设备的回转半径）为半径的圆弧上（简称三点一圆弧）
滑行法	单机起吊设备的过程中，起重机只提起吊钩，使设备滑行而吊起设备的方法称为滑行法

表 4-10　多台起重机吊装的方法

项　目	内　容
双机抬吊滑行法	双机抬吊滑行法的平面布置如图 4-38 所示
双机抬吊递送法	此法是由单机吊装滑行法演变而来的，如图 4-39 所示。双机抬吊递送法中的两台起重机，其中一台作为主机起吊设备，另一台作为副机起吊设备配合主机起钩。随着主机的起吊，副机要行走和回转，将设备递送到基础上就位
三机抬吊法	在双机抬吊滑行法中，若再增加一台起重机递送，即为三机抬吊，如图 4-40 所示。第三台起重机的位置应安放在其他两台起重机相对面的中间，且在被吊设备的基础（裙座上）另一侧附近。第三台起重机协同其他两台起重机将长型设备抬起来后，再以第三台起重机为主，其他两台起重机协同，将长型设备递送到基础（裙座）上

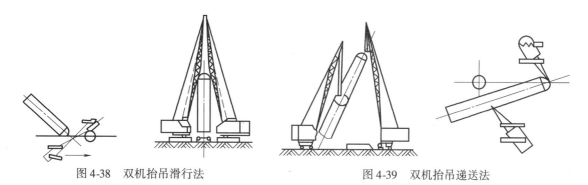

图 4-38　双机抬吊滑行法　　　　　　　　图 4-39　双机抬吊递送法

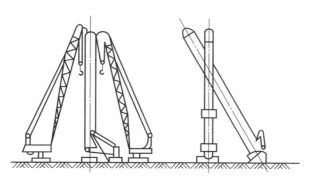

图 4-40　三机抬吊法

第三节　安装工程施工组织设计

一、施工组织设计的编制原则与基本内容

施工组织设计的编制原则与基本内容如图 4-41 所示。

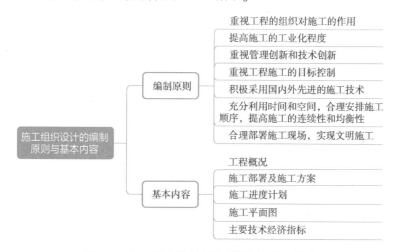

图 4-41　施工组织设计的编制原则与基本内容

二、施工专项方案的编制依据与主要内容

1. 施工组织总设计的编制依据和主要内容

施工组织总设计的编制依据和主要内容如图 4-42 所示。

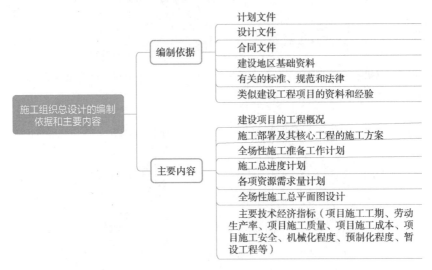

图 4-42　施工组织总设计的编制依据和主要内容

2. 单位工程施工组织设计的编制依据和主要内容

单位工程施工组织设计的编制依据和主要内容如图 4-43 所示。

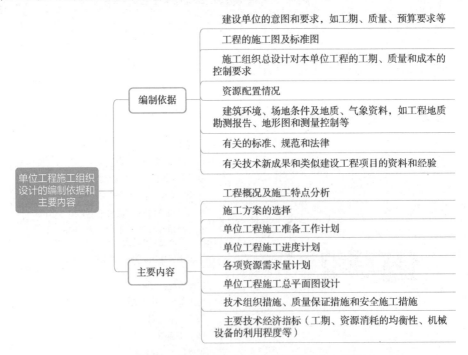

图 4-43　单位工程施工组织设计的编制依据和主要内容

3. 分部（分项）工程施工组织设计的内容

分部（分项）工程施工组织设计的内容如图 4-44 所示。

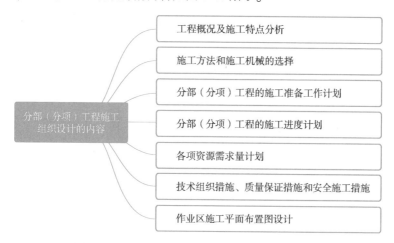

图 4-44　分部（分项）工程施工组织设计的内容

三、施工组织设计的编制程序

施工组织设计的编制程序如图 4-45 所示。

图 4-45　施工组织设计的编制程序

第五章　安装工程工程量计算

第一节　电气设备安装工程工程量计算

一、工程量计算规则

1. 定额工程量计算规则

（1）变压器安装工程

1）变压器安装按不同容量以"台"为计量单位。

2）干式变压器带有保护罩时，其定额人工和机械乘以系数2.0。

3）变压器通过试验，判定绝缘受潮时才需进行干燥，所以只有需要干燥的变压器才能计取此项费用（编制施工图预算时可列此项，工程结算时根据实际情况再做处理），以"台"为计量单位。

4）消弧线圈的干燥按同容量电力变压器干燥定额执行，以"台"为计量单位。

5）变压器油过滤不论过滤多少次，直到过滤合格为止，以"t"为计量单位，其具体计算方法如下：

① 变压器安装定额未包括绝缘油的过滤，需要过滤时，可按制造厂提供的油量计算。

② 油断路器及其他充油设备的绝缘油过滤，可按制造厂规定的充油量计算。

（2）配电装置安装工程

1）断路器、电流互感器、电压互感器、油浸电抗器、电力电存器及电容器柜的安装，以"台（个）"为计量单位。

2）隔离开关、负荷开关、熔断器、避雷器、干式电抗器的安装，以"组"为计量单位，每组按三相计算。

3）交流滤波装置的安装以"台"为计量单位。每套滤波装置包括三台组架安装，不包括设备本身及铜母线的安装，其工程量应按相应定额另行计算。

4）高压设备安装定额内均不包括绝缘台的安装，其工程量应按施工图设计执行相应定额。

5）高压成套配电柜和箱式变电站的安装以"台"为计量单位，均未包括基础槽钢、母线及引下线的配置安装。

6）配电设备安装的支架、抱箍及延长轴、轴套、间隔板等，按施工图设计的需要量计算，执

96

行钢构件制作安装定额或成品价。

7）绝缘油、六氟化硫气体、液压油等均按设备带有考虑。电气设备以外的加压设备和附属管道的安装应按相应定额另行计算。

8）配电设备的端子板外部接线，应按相应定额另行计算。

9）设备安装用的地脚螺栓按土建预埋考虑，不包括二次灌浆。

（3）母线安装工程

1）悬垂绝缘子串安装，是指垂直或 V 形安装的提挂导线、跳线、引下线、设备连接线或设备等所用的绝缘子串安装，按单、双串分别以"串"为计量单位。耐张绝缘子串的安装，已包括在软母线安装定额内。

2）支持绝缘子安装分别按安装在户内、户外、单孔、双孔、四孔固定，以"个"为计量单位。

3）穿墙套管安装不分水平、垂直安装，均以"个"为计量单位。

4）软母线安装，是指直接由耐张绝缘子串悬挂部分，按软母线截面大小分别以"跨/三相"为计量单位。设计跨距不同时，不得调整。导线、绝缘子、线夹、弛度调节金具等均按施工图设计用量加定额规定的损耗率计算。

5）软母线引下线，是指由 T 形线夹或并沟线夹从软母线引向设备的连接线，以"组"为计量单位，每三相为一组；软母线经终端耐张线夹引下（不经 T 形线夹或并沟线夹引下）与设备连接的部分均执行引下线定额，不得换算。

6）两跨软母线间的跳引线安装，以"组"为计量单位，每三相为一组。不论两端的耐张线夹是螺栓式还是压接式，均执行软母线跳线定额，不得换算。

7）设备连接线安装，是指两设备间的连接部分。不论引下线、跳线、设备连接线，均应分别按导线截面、三相为一组计算工程量。

8）组合软母线安装，按三相为一组计算，跨距（包括水平悬挂部分和两端引下部分之和）按 45m 以内考虑，跨度的长与短不得调整。导线、绝缘子、线夹、金具按施工图设计用量加定额规定的损耗率计算。

9）软母线安装预留长度按表 5-1 计算。

表 5-1　软母线安装预留长度　（单位：m/根）

项目	耐张线	跳线	引下线、设备连接线
预留长度	2.5	0.8	0.6

10）带形母线安装及带形母线引下线安装包括铜排、铝排，分别以不同截面和片数以"m/单相"为计量单位。母线和固定母线的金具均按设计量加损耗率计算。

11）钢带型母线安装，按同规格的铜母线定额执行，不得换算。

12）母线伸缩接头及铜过渡板安装，均以"个"为计量单位。

13）槽形母线安装以"m/单相"为计量单位。槽形母线与设备连接，分别按连接不同的设备以"台"为计量单位。槽形母线及固定槽形母线的金具按设计用量加损耗率计算。壳的大小尺寸以"m"为计量单位，长度按设计共销母线的轴线长度计算。

14）低压（是指380V以下）封闭式插接母线槽安装，分别按导体的额定电流大小以"m"为计量单位，长度按设计母线的轴线长度计算，分线箱以"台"为计量单位，分别以电流大小按设计数量计算。

15）重型母线安装包括铜母线、铝母线，分别按截面大小以母线的成品质量以"t"为计量单位。

16）重型铝母线接触面加工是指铸造件需加工接触面时，可以按其接触面的大小，分别以"片/单相"为计量单位。

（4）控制设备及低压电器安装工程

1）控制设备及低压电器安装均以"台"为计量单位。以上设备安装均未包括基础槽钢、角钢的制作安装，其工程量应按相应定额另行计算。

2）钢构件制作安装均按施工图设计尺寸，以成品质量"kg"为计量单位。

3）网门、保护网制作安装，按网门或保护网设计图示的框外围尺寸，以"m^2"为计量单位。

4）盘柜配线分不同规格，以"m"为计量单位。

5）盘、箱、柜的外部进出线预留长度按表5-2计算。

表5-2 盘、箱、柜的外部进出线预留长度 （单位：m/根）

序　号	项　　目	预留长度	说　明
1	各种箱、柜、盘、板、盒	高+宽	盘面尺寸
2	单独安装的铁壳开关、自动开关、刀开关、启动器、箱式电阻器、变阻器	0.5	从安装对象中心算起
3	继电器、控制开关、信号灯、按钮、熔断器等小电器	0.3	
4	分支接头	0.2	分支线预留

6）配电板制作安装及包薄钢板，按配电板图示外形尺寸，以"m^2"为计量单位。

7）焊（压）接线端子定额只适用于导线，电缆终端头制作安装定额中已包括压接线端子，不得重复计算。

8）端子板外部接线按设备盘、箱柜、台的外部接线图计算，以"个"为计量单位。

9）盘、柜配线定额只适用于盘上小设备元件的少量现场配线，不适用于工厂的设备修、配、改工程。

（5）蓄电池安装工程

1）铅酸蓄电池和碱性蓄电池安装，分别按容量大小以单体蓄电池"个"为计量单位，按施工图设计的数量计算工程量。定额内已包括了电解液的材料消耗，执行时不得调整。

2）免维护蓄电池安装以"组件"为计量单位。

3）蓄电池充放电按不同容量以"组"为计量单位。

（6）电动机检查接线及调试工程

1）发电机、调相机、电动机的电气检查接线，均以"台"为计量单位。直流发电机组和多台一串的机组，按单台电动机分别执行定额。

2）起重机上的电气设备、照明装置和电缆管线等安装，均执行相应定额。

3）电气安装规范要求每台电动机接线均需要配金属软管，设计有规定的，按设计规格和数量计算；设计没有规定的，平均每台电动机配相应规格的金属软管1.25m和与之配套的金属软管专用活接头。

4）电动机检查接线定额，除发电机和调相机外，均不包括电动机干燥，发生时其工程量应按电动机干燥定额另行计算。电动机干燥定额按一次干燥所需的工、料、机消耗量考虑，在特别潮湿的地方，电动机需要进行多次干燥，应按实际干燥次数计算。在气候干燥、电动机绝缘性能良好、符合技术标准而不需要干燥时，则不计算干燥费用。实行包干的工程，可参照以下比例，由有关各方协商而定：

① 低压小型电动机3kW以下，按25%的比例考虑干燥。

② 低压小型电动机3kW以上至220kW，按30%～50%考虑干燥。

③ 大、中型电动机按100%考虑一次干燥。

5）电动机解体检查定额，应根据需要选用。当不需要解体时，可只执行电动机检查接线定额。

6）电动机定额的界线划分：单台电动机质量在3t以下的，为小型电动机；单台电动机质量在3t以上至30t以下的，为中型电动机；单台电动机质量在30t以上的为大型电动机。

7）小型电动机按电动机类别和功率大小执行相应定额，大、中型电动机不分类别一律按电动机质量执行相应定额。

8）与机械同底座的电动机和装在机械设备上的电动机安装，执行《机械设备安装工程》的电动机安装定额；独立安装的电动机，执行电动机安装定额。

（7）滑触线装置安装工程　滑触线安装以"m/单相"为计量单位，其附加和预留长度按表5-3的规定计算。

表5-3　滑触线安装附加和预留长度　　　　（单位：m/根）

序　号	项　　　目	预留长度	说　　明
1	圆钢、铜母线与设备连接	0.2	从设备接线端子接口起算
2	圆钢滑触线终端	0.5	从最后一个固定点起算
3	角钢滑触线终端	1.0	从最后一个支持点起算
4	扁钢滑触线终端	1.3	从最后一个固定点起算
5	扁钢母线分支	0.5	分支线预留
6	扁钢母线与设备连接	0.5	从设备接线端子接口起算
7	轻轨滑触线终端	0.8	从最后一个支持点起算
8	安全节能及其他滑触线终端	0.5	从最后一个固定点起算

（8）电缆安装工程

1）直埋电缆的挖、填土（石）方量，除特殊要求外，可按表5-4计算。

表5-4　直埋电缆的挖、填土（石）方量

项　　目	电缆根数	
	1～2	每增一根
每米沟长挖方量/m³	0.45	0.153

2）电缆沟盖板揭、盖定额，按每揭或每盖一次以延长米计算，如又揭又盖，则按两次计算。

3）电缆保护管长度，除按设计规定长度计算外，遇有下列情况，应按以下规定增加保护管

长度:

① 横穿道路时,按路基宽度两端各增加2m。

② 垂直敷设时,管口距地面增加2m。

③ 穿过建筑物外墙时,按基础外缘以外增加1m。

④ 穿过排水沟时,按沟壁外缘以外增加1m。

4)电缆保护管埋地敷设,其土方量凡有施工图注明的,按施工图计算;无施工图的,一般按沟深0.9m、沟宽按最外边的保护管两侧边缘外各增加0.3m工作面计算。

5)电缆敷设按单根以延长米计算,一个沟内(或架上)敷设三根各长100m的电缆,应按300m计算,以此类推。

6)电缆敷设长度应根据敷设路径的水平和垂直敷设长度,按表5-5规定增加附加长度。

表5-5 电缆敷设的附加长度

序号	项目	预留长度(附加)	说明
1	电缆敷设弛度、波形弯度、交叉	2.5%	按电缆全长计算
2	电缆进入建筑物	2.0m	规范规定最小值
3	电缆进入沟内或吊架时引上(下)预留	1.5m	
4	变电所进线、出线	1.5m	
5	电力电缆终端头	1.5m	检修余量最小值
6	电缆中间接头盒	两端各留2.0m	
7	电缆进控制、保护屏及模拟盘等	高+宽	按盘面尺寸
8	高压开关柜及低压配电盘、箱	2.0m	盘下进出线
9	电缆至电动机	0.5m	从电动机接线盒起算
10	厂用变压器	3.0m	从地坪起算
11	电缆绕过梁柱等增加的长度	按实计算	按被绕物的断面情况计算增加长度
12	电梯电缆与电缆架固定点	每处0.5m	规范规定最小值

7)电缆终端头及中间头均以"个"为计量单位。电力电缆和控制电缆均按一根电缆有两个终端头考虑。中间电缆头设计有图示的,按设计确定;设计没有规定的,按实际情况计算(或按平均250m一个中间头考虑)。

8)桥架安装,以"10m"为计量单位。

9)吊电缆的钢索及拉紧装置,应按相应定额另行计算。

10)钢索的计算长度以两端固定点的距离为准,不扣除拉紧装置的长度。

11)电缆敷设及桥架安装,应按定额说明的综合内容范围计算。

(9)防雷及接地装置安装工程

1)接地极制作安装以"根"为计量单位,其长度按设计长度计算。设计无规定时,每根长度按2.5m计算。当设计有管帽时,管帽另按加工件计算。

2)接地母线敷设,按设计长度以"m"为计量单位计算工程量。接地母线、避雷线敷设,均按延长米计算,其长度按施工图设计水平和垂直规定长度另加3.9%的附加长度(包括转弯、上下波动、避绕障碍物、搭接头所占长度)计算。计算主材费时应另增加规定的损耗率。

3）接地跨接线以"处"为计量单位。按规定，凡需接地跨接线的工程内容，每跨接一次按一处计算。户外配电装置构架均需接地，每副构架按"一处"计算。

4）避雷针的加工制作、安装，以"根"为计量单位，独立避雷针安装以"基"为计量单位。长度、高度、数量均按设计规定。独立避雷针的加工制作应执行"一般铁件"制作定额或按成品计算。

5）半导体少长针消雷装置安装以"套"为计量单位，按设计安装高度分别执行相应定额。装置本身由设备制造厂成套供货。

6）利用建筑物内主筋做接地引下线安装，以"10m"为计量单位，每一柱子内按焊接两根主筋考虑。当焊接主筋数超过两根时，可按比例调整。

7）断接卡子制作安装以"套"为计量单位，按设计规定装设的断接卡子数量计算。接地检查井内的断接卡子安装按每井一套计算。

8）高层建筑物屋顶的防雷接地装置应执行"避雷网安装"定额，电缆支架的接地线安装应执行"户内接地母线敷设"定额。

9）均压环敷设以"m"为单位计算，主要考虑利用圈梁内主筋做均压环接地连线，焊接按两根主筋考虑。超过两根时，可按比例调整。长度按设计需要做均压接地的圈梁中心线长度，以延长米计算。

10）钢、铝窗接地以"处"为计量单位（高层建筑6层以上的金属窗设计一般要求接地），按设计规定接地的金属窗数进行计算。

11）柱子主筋与圈梁连接以"处"为计量单位，每处按两根主筋与两根圈梁钢筋分别焊接连接考虑。当焊接主筋和圈梁钢筋超过两根时，可按比例调整；需要连接的柱子主筋和圈梁钢筋处数按规定设计计算。

（10）配管、配线安装工程

1）各种配管应区别不同敷设方式、敷设位置、管材材质、规格，以"延长米"为计量单位，不扣除管路中间的接线箱（盒）、灯头盒、开关盒所占长度。

2）定额中未包括钢索架设及拉紧装置、接线箱（盒）、支架的制作安装，其工程量应另行计算。

3）管内穿线的工程量，应区别线路性质、导线材质、导线截面，以单线"延长米"为计量单位计算。线路分支接头线的长度已综合考虑在定额中，不得另行计算。

照明线路中的导线截面大于或等于 $6mm^2$ 以上时，应执行动力线路穿线相应项目。

4）线夹配线工程量，应区别线夹材质（塑料、瓷质）、线式（两线、三线）、敷设位置（在木、砖、混凝土）以及导线规格，以线路"延长米"为计量单位计算。

5）绝缘子配线工程量，应区别绝缘子形式（针式、鼓形、蝶式）、绝缘子配线位置（沿屋架、梁、柱、墙、跨屋架、梁、柱、木结构、顶棚内、砖、混凝土结构，沿钢支架及钢索）、导线截面面积，以线路"延长米"为计量单位计算。

绝缘子暗配，引下线按线路支持点至顶棚下缘距离的长度计算。

6）槽板配线工程量，应区别槽板材质（木质、塑料）、配线位置（在木结构、砖、混凝土）、导线截面、线式（二线、三线），以线路"延长米"为计量单位计算。

7）塑料护套线明敷工程量，应区别导线截面、导线芯数（二芯、三芯）、敷设位置（在木结构、砖混凝土结构，沿钢索），以单根线路"延长米"为计量单位计算。

8）线槽配线工程量，应区别导线截面，以单根线路"延长米"为计量单位计算。

9）钢索架设工程量，应区别圆钢、钢索直径（φ6，φ9），按图示墙（柱）内缘距离，以"延长米"为计量单位计算，不扣除拉紧装置所占长度。

10）母线拉紧装置及钢索拉紧装置制作安装工程量，应区别母线截面、花篮螺栓直径（12mm，16mm，18mm），以"套"为计量单位计算。

11）车间带形母线安装工程量，应区别母线材质（铝、铜）、母线截面、安装位置（沿屋架、梁、柱、墙，跨屋架、梁、柱），以"延长米"为计量单位计算。

12）动力配管混凝土地面刨沟工程量，应区别管子直径，以"延长米"为计量单位计算。

13）接线箱安装工程量，应区别安装形式（明装、暗装）、接线箱半周长，以"个"为计量单位计算。

14）接线盒安装工程量，应区别安装形式（明装、暗装、钢索上）以及接线盒类型，以"个"为计量单位计算。

15）灯具，明、暗开关，插座、按钮等的预留线，已分别综合在相应定额内，不另行计算。

（11）照明器具安装工程

1）普通灯具安装的工程量，应区别灯具的种类、型号、规格，以"套"为计量单位计算。普通灯具安装定额适用范围见表5-6。

表5-6　普通灯具安装定额适用范围

定额名称	灯具种类
圆球吸顶灯	材质为玻璃的螺口、卡口圆球独立吸顶灯
半圆球吸顶灯	材质为玻璃的独立的半圆球吸顶灯、扁圆罩吸顶灯、平圆形吸顶灯
方形吸顶灯	材质为玻璃的独立的半矩形吸顶灯、方形罩吸顶灯、大口方罩吸顶灯
软线吊灯	利用软线为垂吊材料，独立的，材质为玻璃、塑料、搪瓷，形状如碗、伞、平盘灯罩组成的各式软线吊灯
吊链灯	利用吊链做辅助悬吊材料，独立的，材质为玻璃、塑料罩的各式吊链灯
防水吊灯	一般防水吊灯
一般弯脖灯	圆球弯脖灯、风雨壁灯
一般墙壁灯	各种材质的一般壁灯、镜前灯
软线吊灯头	一般吊灯头
声光控座灯头	一般声控、光控座灯头
座灯头	一般塑胶、瓷质座灯头

2）吊式艺术装饰灯具的工程量，应根据装饰灯具示意图集所示，区别不同装饰物以及灯体直径和灯体垂吊长度，以"套"为计量单位计算。灯体直径为装饰物的最大外缘直径，灯体垂吊长度为灯座底部到灯梢之间的总长度。

3）吸顶式艺术装饰灯具安装的工程量，应根据装饰灯具示意图集所示，区别不同装饰物、吸盘的几何形状、灯体直径、灯体周长和灯体垂吊长度，以"套"为计量单位计算。灯体直径为吸盘最大外缘直径，灯体半周长为矩形吸盘的半周长。吸顶式艺术装饰灯具的灯体垂吊长度为吸盘到灯梢之间的总长度。

4）荧光艺术装饰灯具安装的工程量，应根据装饰灯具示意图集所示，区别不同安装形式和计量单位计算。

① 组合荧光灯光带安装的工程量，应根据装饰灯具示意图集所示，区别安装形式、灯管数量，以"延长米"为计量单位计算。灯具的设计数量与定额不符时，可以按设计量加损耗量调整主材。

② 内藏组合式灯安装的工程量，应根据装饰灯具示意图集所示，区别灯具组合形式，以"延长米"为计量单位。灯具的设计数量与定额不符时，可根据设计数量加损耗量调整主材。

③ 发光棚安装的工程量，应根据装饰灯具示意图集所示，以"m²"为计量单位。发光棚灯具按设计用量加损耗量计算。

④ 立体广告灯箱、荧光灯光沿的工程量，应根据装饰灯具示意图集所示，以"延长米"为计量单位。灯具设计用量与定额不符时，可根据设计数量加损耗量调整主材。

5）几何形状组合艺术灯具安装的工程量，应根据装饰灯具示意图集所示，区别不同安装形式及灯具的不同形式，以"套"为计量单位计算。

6）标志、诱导装饰灯具安装的工程量，应根据装饰灯具示意图集所示，区别不同安装形式，以"套"为计量单位计算。

7）水下艺术装饰灯具安装的工程量，应根据装饰灯具示意图集所示，区别不同安装形式，以"套"为计量单位计算。

8）点光源艺术装饰灯具安装的工程量，应根据装饰灯具示意图集所示，区别不同安装形式、不同灯具直径，以"套"为计量单位计算。

9）草坪灯具安装的工程量，应根据装饰灯具示意图集所示，区别不同安装形式，以"套"为计量单位计算。

10）歌舞厅灯具安装的工程量，应根据装饰灯具示意图集所示，区别不同灯具形式，分别以"套""延长米""台"为计量单位计算。

11）荧光灯具安装的工程量，应区别灯具的安装形式、灯具种类、灯管数量，以"套"为计量单位计算。

12）工厂灯及防水防尘灯安装的工程量，应区别不同安装形式，以"套"为计量单位计算。

13）工厂其他灯具安装的工程量，应区别不同灯具类型、安装形式、安装高度，以"套""个""延长米"为计量单位计算。

14）医院灯具安装的工程量，应区别灯具种类，以"套"为计量单位计算。

15）路灯安装工程量，应区别不同臂长、不同灯数，以"套"为计量单位计算。

16）开关、按钮安装的工程量，应区别开关、按钮安装形式，开关、按钮种类，开关极数以及单控与双控，以"套"为计量单位计算。

17）插座安装的工程量，应区别电源相数、额定电流、插座安装形式、插座插孔个数，以"套"为计量单位计算。

18）安全变压器安装的工程量，应区别安全变压器容量，以"台"为计量单位计算。

19）电铃、电铃号码牌箱安装的工程量，应区别电铃直径、电铃号牌箱规格（号），以"套"为计量单位计算。

20）门铃安装的工程量，应区别门铃安装形式，以"个"为计量单位计算。

21）风扇安装的工程量，应区别风扇种类，以"台"为计量单位计算。

22）盘管风机三速开关、请勿打扰灯，须刨除插座安装的工程量，以"套"为计量单位计算。

2. 清单计价工程量计算规则

1）变压器安装（编码：030401）工程量清单项目设置及工程量计算规则见表5-7。

表5-7　变压器安装（编码：030401）

项目编码	项目名称	项目特征	计量单位	工程量计算规则	工程内容
030401001	油浸电力变压器	1. 名称 2. 型号 3. 容量（kV·A） 4. 电压（kV） 5. 油过滤要求	台	按设计图示数量计算	1. 本体安装 2. 基础型钢制作、安装 3. 油过滤 4. 干燥 5. 接地 6. 网门、保护门制作、安装 7. 补刷（喷）油漆
030401002	干式变压器	6. 干燥要求 7. 基础型钢形式、规格 8. 网门、保护门材质、规格 9. 温控箱型号、规格			1. 本体安装 2. 基础型钢制作、安装 3. 温控箱安装 4. 接地 5. 网门、保护门制作、安装 6. 补刷（喷）油漆
030401003	整流变压器	1. 名称 2. 型号 3. 容量（kV·A） 4. 电压（kV） 5. 油过滤要求 6. 干燥要求 7. 基础型钢形式、规格 8. 网门、保护门材质、规格			1. 本体安装 2. 基础型钢制作、安装 3. 油过滤 4. 干燥 5. 网门、保护门制作、安装 6. 补刷（喷）油漆
030401004	自耦变压器				
030401005	有载调压变压器				
030401006	电弧变压器	1. 名称 2. 型号 3. 容量（kV·A） 4. 电压（kV） 5. 基础型钢形式、规格 6. 网门、保护门材质、规格 油漆			1. 本体安装 2. 基础型钢制作、安装 3. 网门、保护门制作、安装 4. 补刷（喷）油漆
030401007	消弧线圈	1. 名称 2. 型号 3. 容量（kV·A） 4. 电压（kV） 5. 油过滤要求 6. 干燥要求 7. 基础型钢形式、规格			1. 本体安装 2. 基础型钢制作、安装 3. 油过滤 4. 干燥 5. 补刷（喷）油漆

注：变压器油如需试验、化验、色谱分析应按《通用安装工程工程量计算规范》（GB 50856—2013）中措施项目相关项目编码列项。

2）配电装置安装（编码：030402）工程量清单项目设置及工程量计算规则见表5-8。

表5-8　配电装置安装（编码：030402）

项目编码	项目名称	项目特征	计量单位	工程量计算规则	工程内容
030402001	油断路器	1. 名称 2. 型号 3. 容量（A） 4. 电压等级（kV） 5. 安装条件	台	按设计图示数量计算	1. 本体安装、调试 2. 基础型钢制作、安装 3. 油过滤 4. 补刷（喷）油漆 5. 接地
030402002	真空断路器	6. 操作机构名称及型号 7. 基础型钢规格 8. 接线材质、规格 9. 安装部位 10. 油过滤要求			1. 本体安装、调试 2. 基础型钢制作、安装 3. 补刷（喷）油漆 4. 接地
030402003	SF6断路器				
030402004	空气断路器	1. 名称 2. 型号 3. 容量（A） 4. 电压等级（kV）			
030402005	真空接触器	5. 安装条件 6. 操作机构名称及型号 7. 接线材质规格 8. 安装部位	组		1. 本体安装、调试 2. 补刷（喷）油漆 3. 接地
030402006	隔离开关				
030402007	负荷开关				
030402008	互感器	1. 名称 2. 型号 3. 规格 4. 类型 5. 油过滤要求	台		1. 本体安装、调试 2. 干燥 3. 油过滤 4. 接地
030402009	高压熔断器	1. 名称 2. 型号 3. 规格 4. 安装部位	组		1. 本体安装、调试 2. 接地
030402010	避雷器	1. 名称 2. 型号 3. 规格 4. 电压等级 5. 安装部位			1. 本体安装 2. 接地
030402011	干式电抗器	1. 名称 2. 型号 3. 规格 4. 质量 5. 安装部位 6. 干燥要求			1. 本体安装 2. 干燥
030402012	油浸电抗器	1. 名称 2. 型号 3. 规格 4. 容量（kV·A） 5. 油过滤要求 6. 干燥要求	台		1. 本体安装 2. 油过滤 3. 干燥
030402013	移相及串联电容器	1. 名称 2. 型号 3. 规格 4. 质量 5. 安装部位	个		1. 本体安装 2. 接地
030402014	并联电容器				

(续)

项目编码	项目名称	项目特征	计量单位	工程量计算规则	工程内容
030402015	并联补偿电容器组架	1. 名称 2. 型号 3. 规格 4. 结构形式	台	按设计图示数量计算	1. 本体安装 2. 接地
030402016	交流滤波装置组架	1. 名称 2. 型号 3. 规格			
030402017	高压成套配电柜	1. 名称 2. 型号 3. 规格 4. 母线配置方式 5. 种类 6. 基础型钢形式、规格			1. 本体安装 2. 基础型钢制作、安装 3. 补刷（喷）油漆 4. 接地
030402018	组合型成套箱式变电站	1. 名称 2. 型号 3. 容量（kV·A） 4. 电压（kV） 5. 组合形式 6. 基础规格、浇筑材质			1. 本体安装 2. 基础浇筑 3. 进箱母线安装 4. 补刷（喷）油漆 5. 接地

3）母线安装（编码：030403）工程量清单项目设置及工程量计算规则见表5-9。

表5-9　母线安装（编码：030403）

项目编码	项目名称	项目特征	计量单位	工程量计算规则	工程内容
030403001	软母线	1. 名称 2. 材质 3. 型号 4. 规格 5. 绝缘子类型、规格			1. 母线安装 2. 绝缘子耐压试验 3. 跳线安装 4. 绝缘子安装
030403002	组合软母线				
030403003	带形母线	1. 名称 2. 型号 3. 规格 4. 材质 5. 绝缘子类型、规格 6. 穿墙套管材质、规格 7. 穿通板材质、规格 8. 母线桥材质、规格 9. 引下线材质、规格 10. 伸缩节、过渡板材质、规格 11. 分相漆品种	m	按设计图示尺寸以单相长度计算（含预留长度）	1. 母线安装 2. 穿通板制作、安装 3. 支持绝缘子、穿墙套管的耐压试验、安装 4. 引下线安装 5. 伸缩节安装 6. 过渡板安装 7. 刷分相漆
030403004	槽形母线	1. 名称 2. 型号 3. 规格 4. 材质 5. 连接设备名称、规格 6. 分相漆品种			1. 母线制作、安装 2. 与发电机、变压器连接 3. 与断路器、隔离开关连接 4. 刷分相漆

（续）

项目编码	项目名称	项目特征	计量单位	工程量计算规则	工程内容
030403005	共箱母线	1. 名称 2. 型号 3. 规格 4. 材质	m	按设计图示尺寸以中心线长度计算	1. 母线安装 2. 补刷（喷）油漆
030403006	低压封闭式插线母线槽	1. 名称 2. 型号 3. 规格 4. 容量（A） 5. 线制 6. 安装部位			
030403007	始端箱分线箱	1. 名称 2. 型号 3. 规格 4. 容量（A）	台	按设计图示数量计算	1. 本体安装 2. 补刷（喷）油漆
030403008	重型母线	1. 名称 2. 型号 3. 规格 4. 容量（A） 5. 材质 6. 绝缘子类型、规格 7. 伸缩器及导板规格	t	按设计图示尺寸以质量计算	1. 母线制作、安装 2. 伸缩器及导板制作、安装 3. 支持绝缘安装 4. 补刷（喷）油漆

4）控制设备及低压电器安装（编码：030404）工程量清单项目设置及工程量计算规则见表5-10。

表5-10 控制设备及低压电器安装（编码：030404）

项目编码	项目名称	项目特征	计量单位	工程量计算规则	工程内容
030404001	控制屏	1. 名称 2. 型号 3. 规格 4. 种类 5. 基础型钢形式、规格 6. 接线端子材质、规格 7. 端子板外部接线材质、规格 8. 小母线材质、规格 9. 屏边规格	台	按设计图示数量计算	1. 本体安装 2. 基础型钢制作、安装 3. 端子板安装 4. 焊、压接线端子 5. 盘柜配线、端子接线 6. 小母线安装 7. 屏边安装 8. 补刷（喷）油漆 9. 接地
030404002	继电、信号屏				
030404003	模拟屏				
030404004	低压开关柜（屏）				1. 本体安装 2. 基础型钢制作、安装 3. 端子板安装 4. 焊、压接线端子 5. 盘柜配线、端子接线 6. 屏边安装 7. 补刷（喷）油漆 8. 接地

（续）

项目编码	项目名称	项目特征	计量单位	工程量计算规则	工程内容
030404005	弱电控制返回屏	1. 名称 2. 型号 3. 规格 4. 种类 5. 基础型钢形式、规格 6. 接线端子材质、规格 7. 端子板外部接线材质、规格 8. 小母线材质、规格 9. 屏边规格	台	按设计图示数量计算	1. 本体安装 2. 基础型钢制作、安装 3. 端子板安装 4. 焊、压接线端子 5. 盘柜配线、端子接线 6. 小母线安装 7. 屏边安装 8. 补刷（喷）油漆 9. 接地
030404006	箱式配电室	1. 名称 2. 型号 3. 规格 4. 质量 5. 基础规格、浇筑材质 6. 基础型钢形式、规格	套		1. 本体安装 2. 基础型钢制作、安装 3. 基础浇筑 4. 补刷（喷）油漆 5. 接地
030404007	硅整流柜	1. 名称 2. 型号 3. 规格 4. 容量（A） 5. 基础型钢形式、规格			1. 本体安装 2. 基础型钢制作、安装 3. 补刷（喷）油漆 4. 接地
030404008	可控硅柜	1. 名称 2. 型号 3. 规格 4. 容量（kW） 5. 基础型钢形式、规格			
030404009	低压电容器柜		台		
030404010	自动调节励磁屏	1. 名称 2. 型号 3. 规格 4. 基础型钢形式、规格 5. 接线端子材质、规格 6. 端子板外部接线材质、规格 7. 小母线材质、规格 8. 屏边规格			1. 本体安装 2. 基础型钢制作、安装 3. 端子板安装 4. 焊、压接线端子 5. 盘柜配线、端子接线 6. 小母线安装 7. 屏边安装 8. 补刷（喷）油漆 9. 接地
030404011	励磁灭磁屏				
030404012	蓄电池屏（柜）				
030404013	直流馈电屏				
030404014	事故照明切换屏				

（续）

项目编码	项目名称	项目特征	计量单位	工程量计算规则	工程内容
030404015	控制台	1. 名称 2. 型号 3. 规格 4. 基础型钢形式、规格 5. 接线端子材质、规格 6. 端子板外部接线材质、规格 7. 小母线材质、规格	台	按设计图示数量计算	1. 本体安装 2. 基础型钢制作、安装 3. 端子板安装 4. 焊、压接线端子 5. 盘柜配线、端子接线 6. 小母线安装 7. 补刷（喷）油漆 8. 接地
030404016	控制箱	1. 名称 2. 型号 3. 规格 4. 基础形式、材质、规格 5. 接线端子材质、规格 6. 端子板外部接线材质、规格 7. 安装方式			1. 本体安装 2. 基础型钢制作、安装 3. 焊、压接线端子 4. 补刷（喷）油漆 5. 接地
030404017	配电箱				
030404018	插座箱	1. 名称 2. 型号 3. 规格 4. 安装方式			1. 本体安装 2. 接地
030404019	控制开关	1. 名称 2. 型号 3. 规格 4. 接线端子材质、规格 5. 额定电流（A）	个		
030404020	低压断容器	1. 名称 2. 型号 3. 规格 4. 接线端子材质、规格			1. 本体安装 2. 焊、压接线端子 3. 接线
030404021	限位开关				
030404022	控制器				
030404023	接触器		台		
030404024	磁力启动器				
030404025	Y—△自耦减压启动器				
030404026	电磁铁（电磁制动器）				
030404027	快速自动开关				
030404028	电阻器		箱		
030404029	油浸频敏变阻器		台		

（续）

项目编码	项目名称	项目特征	计量单位	工程量计算规则	工程内容
030404030	分流器	1. 名称 2. 型号 3. 规格 4. 容量（A） 5. 接线端子材质、规格	个		1. 本体安装 2. 焊、压接线端子 3. 接线
030404031	小电器	1. 名称 2. 型号 3. 规格 4. 接线端子材质、规格	个（套、台）		1. 本体安装 2. 接线
030404032	端子箱	1. 名称 2. 型号 3. 规格 4. 安装部位	台	按设计图示数量计算	1. 本体安装 2. 调速开关安装
030404033	风扇	1. 名称 2. 型号 3. 规格 4. 安装方式			
030404034	照明开关	1. 名称 2. 材质 3. 规格 4. 安装方式	个		1. 本体安装 2. 接线
030404035	插座				
030404036	其他电器	1. 名称 2. 规格 3. 安装方式	个（套、台）		1. 安装 2. 接线

5）蓄电池安装（编码：030405）工程量清单项目设置及工程量计算规则见表5-11。

表5-11　蓄电池安装（编码：030405）

项目编码	项目名称	项目特征	计量单位	工程量计算规则	工程内容
030405001	蓄电池	1. 名称 2. 型号 3. 容量（A·h） 4. 防振支架形式、材质 5. 充放电要求	个（组件）	按设计图示数量计算	1. 本体安装 2. 防振支架安装 3. 充放电
030405002	太阳能电池	1. 名称 2. 型号 3. 规格 4. 容量 5. 安装方式	组		1. 安装 2. 电池方阵铁架安装 3. 联调

6）电动机检查接线及调试（编码：030406）工程量清单项目设置及工程量计算规则见表5-12。

表 5-12 电动机检查接线及调试（编码：030406）

项目编码	项目名称	项目特征	计量单位	工程量计算规则	工程内容
030406001	发电机	1. 名称 2. 型号 3. 容量（kW） 4. 接线端子材质、规格 5. 干燥要求	台	按设计图示数量计算	1. 检查接线 2. 接地 3. 干燥 4. 调试
030406002	调相机				
030406003	普通小型直流电动机				
030406004	可控硅调速直流电动机	1. 名称 2. 型号 3. 容量（kW） 4. 类型 5. 接线端子材质、规格 6. 干燥要求			
030406005	普通交流同步电动机	1. 名称 2. 型号 3. 容量（kW） 4. 启动方式 5. 电压等级（kV） 6. 接线端子材质、规格 7. 干燥要求			
030406006	低压交流异步电动机	1. 名称 2. 型号 3. 容量（kW） 4. 控制保护方式 5. 接线端子材质、规格 6. 干燥要求			
030406007	高压交流异步电动机	1. 名称 2. 型号 3. 容量（kW） 4. 保护类别 5. 接线端子材质、规格 6. 干燥要求			
030406008	交流变频调速电动机	1. 名称 2. 型号 3. 容量（kW） 4. 类别 5. 接线端子材质、规格 6. 干燥要求			
030406009	微型电动机电加热器	1. 名称 2. 型号 3. 规格 4. 接线端子材质、规格 5. 干燥要求			
030406010	电动机组	1. 名称 2. 型号 3. 电动机台数 4. 连锁台数 5. 接线端子材质、规格 6. 干燥要求	组		

（续）

项目编码	项目名称	项目特征	计量单位	工程量计算规则	工程内容
030408004	电缆槽盒	1. 名称 2. 材质 3. 规格 4. 型号	m	按设计图示尺寸以长度计算	槽盒安装
030408005	铺砂、保护板（砖）	1. 种类 2. 规格			1. 铺砂 2. 盖板（砖）
030408006	电力电缆头	1. 名称 2. 型号 3. 规格 4. 材质、类型 5. 安装部位 6. 电压等级（kV）	个	按设计图示数量计算	1. 电力电缆头制作 2. 电力电缆头安装 3. 接地
030408007	控制电缆头	1. 名称 2. 材质 3. 规格 4. 安装形式 5. 混凝土块标号			
030408008	防火堵洞		处	按设计图示数量计算	
030408009	防火隔板	1. 名称 2. 材质 3. 方式 4. 部位	m²	按设计图示尺寸以面积计算	安装
030408010	防火涂料		kg	按设计图示尺寸以质量计算	
030408011	电缆分支箱	1. 名称 2. 型号 3. 规格 4. 基础形式、材质、规格	台	按设计图示数量计算	1. 本体安装 2. 基础制作、安装

9）防雷及接地装置（编码：030409）工程量清单项目设置及工程量计算规则见表5-15。

表5-15　防雷及接地装置（编码：030409）

项目编码	项目名称	项目特征	计量单位	工程量计算规则	工程内容
030409001	接地极	1. 名称 2. 材质 3. 规格 4. 土质 5. 基础接地形式	根（块）	按设计图示数量计算	1. 接地极（板、桩）制作、安装 2. 基础接地网安装 3. 补刷（喷）油漆

（续）

项目编码	项目名称	项目特征	计量单位	工程量计算规则	工程内容
030409002	接地母线	1. 名称 2. 材质 3. 规格 4. 安装部位 5. 安装形式	m	按设计图示尺寸以长度计算（含附加长度）	1. 接地母线制作、安装 2. 补刷（喷）油漆
030409003	避雷引下线	1. 名称 2. 材质 3. 规格 4. 安装部位 5. 安装形式 6. 断接卡子、箱材质、规格			1. 避雷引下线制作、安装 2. 断接卡子、箱制作、安装 3. 利用主钢筋焊接 4. 补刷（喷）油漆
030409004	均压环	1. 名称 2. 材质 3. 规格 4. 安装形式			1. 均压环敷设 2. 钢铝窗接地 3. 柱主筋与圈梁焊接 4. 利用圈梁钢筋焊接 5. 补刷（喷）油漆
030409005	避雷网	1. 名称 2. 材质 3. 规格 4. 安装形式 5. 混凝土块强度等级			1. 避雷网制作、安装 2. 跨接 3. 混凝土块制作 4. 补刷（喷）油漆
030409006	避雷针	1. 名称 2. 材质 3. 规格 4. 安装形式、高度	根	按设计图示数量计算	1. 避雷针制作、安装 2. 跨接 3. 补刷（喷）油漆
030409007	半导体少长针消雷装置	1. 型号 2. 高度	套		本体安装
030409008	等电位端子箱、测试板	1. 名称 2. 材质 3. 规格	台（块）		
030409009	绝缘垫		m²	按设计图示尺寸以展开面积计算	1. 制作 2. 安装
030409010	浪涌保护器	1. 名称 2. 规格 3. 安装形式 4. 防雷等级	个	按设计图示数量计算	1. 本体安装 2. 接线 3. 接地
030409011	降阻剂	1. 名称 2. 类型	kg	按设计图示以质量计算	1. 挖土 2. 施放降阻剂 3. 回填土 4. 运输

注：1. 利用桩基础做接地极，应描述桩台下桩的根数，每桩台下需焊接柱筋根数，其工程量按柱引下线计算；利用基础钢筋做接地极按均压环项目编码列项。
2. 利用柱筋做引下线的，需描述柱筋焊接根数。
3. 利用圈梁筋做均压环的，需描述圈梁筋焊接根数。

10）配管、配线（编码：030411）工程量清单项目设置及工程量计算规则见表5-16。

表 5-16　配管、配线（编码：030411）

项目编码	项目名称	项目特征	计量单位	工程量计算规则	工程内容
030411001	配管	1. 名称 2. 材质 3. 规格 4. 配置形式 5. 接地要求 6. 钢索材质、规格			1. 电线管路敷设 2. 钢索架设（拉紧装置安装） 3. 预留沟槽 4. 接地
030411002	线槽	1. 名称 2. 材质 3. 规格	m	按设计图示尺寸以长度计算	1. 本体安装 2. 补刷（喷）油漆
030411003	桥架	1. 名称 2. 型号 3. 规格 4. 材质 5. 类型 6. 接地方式			1. 本体安装 2. 接地
030411004	配线	1. 名称 2. 配线形式 3. 型号 4. 规格 5. 材质 6. 配线部位 7. 配线线制 8. 钢索材质规格	m	按设计图示尺寸以单线长度计算（含预留长度）	1. 配线 2. 钢索架设（拉紧装置安装） 3. 支持体（夹板、绝缘子、槽板等）安装
030411005	接线箱	1. 名称 2. 材质 3. 规格 4. 安装形式	个	按设计图示数量计算	本体安装
030411006	接线盒				

注：1. 配管、线槽安装不扣除管路中间的接线箱（盒）、灯头盒、开关盒所占长度。

2. 配管名称是指电线管、钢管、防爆管、塑料管、软管、波纹管等。

3. 配管配置形式是指明配、暗配、吊顶内、钢结构支架、钢索配管、埋地敷设、水下敷设、砌筑沟内敷设等。

4. 配线名称是指管内穿线、瓷夹板配线、塑料夹板配线、绝缘子配线、槽板配线、塑料护套配线、线槽配线、车间带形母线等。

5. 配线形式是指照明线路，动力线路，木结构，顶棚内，砖、混凝土结构，沿支架、钢索、屋架、梁、柱、墙，以及跨屋架、梁、柱。

6. 配线保护管遇到下列情况之一时，应增设管路接线盒和拉线盒：①管长度每超过30m，无弯曲；②管长度每超过20m，有1个弯曲；③管长度每超过15m，有2个弯曲；④管长度每超过8m，有3个弯曲。垂直敷设的电线保护管遇到下列情况之一时，应增设固定导线用的拉线盒：①管内导线截面面积为50mm²及以下，长度每超过30m；②管内导线截面面积为70～95mm²，长度每超过20m；③管内导线截面面积为120～240mm²，长度每超过18m。在配管清单项目计量时，设计无要求时上述规定可以作为计量接线盒、拉线盒的依据。

7. 配管安装中不包括凿槽、刨沟，应按《通用安装工程工程量计算规范》（GB 50856—2013）中相关项目编码列项。

11）照明器具安装（编码：030412）工程量清单项目设置及工程量计算规则见表5-17。

表 5-17　照明器具安装（编码：030412）

项目编码	项目名称	项目特征	计量单位	工程量计算规则	工程内容
030412001	普通灯具	1. 名称 2. 型号 3. 规格 4. 类型	套	按设计图示数量计算	本体安装
030412002	工厂灯	1. 名称 2. 型号 3. 规格 4. 安装形式			
030412003	高度标志（障碍）灯	1. 名称 2. 型号 3. 规格 4. 安装部位 5. 安装高度			
030412004	装饰灯	1. 名称 2. 型号 3. 规格 4. 安装形式			
030412005	荧灯灯				
030412006	医疗专用灯	1. 名称 2. 型号 3. 规格			
030412007	一般路灯	1. 名称 2. 型号 3. 规格 4. 灯杆材质、规格 5. 灯架形式及臂长 6. 附件配置要求 7. 灯杆形式（单、双） 8. 基础形式、砂浆配合比 9. 杆座材质、规格 10. 接线端子材质、规格 11. 编号 12. 接地要求			1. 基础制作、安装 2. 立灯杆 3. 杆座安装 4. 灯架及灯具附件安装 5. 焊、压接线端子 6. 补刷（喷）油漆 7. 灯杆编号 8. 接地
030412008	中杆灯	1. 名称 2. 灯杆的材质及高度 3. 灯架的型号、规格 4. 附件配置 5. 光源数量 6. 基础形式、浇筑材质 7. 杆座材质、规格 8. 接线端子材质、规格 9. 铁构件规格 10. 编号 11. 灌浆配合比 12. 接地要求			1. 基础浇筑 2. 立灯杆 3. 杆座安装 4. 灯架及灯具附件安装 5. 焊、压接线端子 6. 铁构件安装 7. 补刷（喷）油漆 8. 灯杆编号 9. 接地
030412009	高杆灯	1. 名称 2. 灯杆高度 3. 灯架形式（成套或组装、固定或升降） 4. 附件配置 5. 光源数量 6. 基础形式、浇筑材质 7. 杆座材质、规格 8. 接线端子材质、规格 9. 铁构件规格 10. 编号 11. 灌浆配合比 12. 接地要求			1. 基础浇筑 2. 立灯杆 3. 杆座安装 4. 灯架及灯具附件安装 5. 焊、压接线端子 6. 铁构件安装 7. 补刷（喷）油漆 8. 灯杆编号 9. 升降机构接线调试 10. 接地

（续）

项目编码	项目名称	项目特征	计量单位	工程量计算规则	工程内容
030412010	桥栏杆灯	1. 名称 2. 型号 3. 规格 4. 安装形式	套	按设计图示数量计算	1. 灯具安装 2. 补刷（喷）油漆
030412011	地道涵洞灯				

注：1. 普通灯具包括圆球吸顶灯、半圆球吸顶灯、方形吸顶灯、软线吊灯、座灯头、吊链灯、防水吊灯、壁灯等。

2. 工厂灯包括工厂罩灯、防水灯、防尘灯、碘钨灯、投光灯、泛光灯、混光灯、密闭灯等。

3. 高度标志（障碍）灯包括烟囱标志灯、高塔标志灯、高层建筑屋顶障碍指示灯等。

4. 装饰灯包括吊式艺术装饰灯、吸顶式艺术装饰灯、荧光艺术装饰灯、几何型组合艺术装饰灯、标志灯、诱导装饰灯、水下（上）艺术装饰灯、点光源艺术灯、歌舞厅灯具、草坪灯具等。

5. 医疗专用灯包括病房指示灯、病房暗脚灯、紫外线杀菌灯、无影灯等。

6. 中杆灯是指安装在高度小于或等于19m的灯杆上的照明器具。

7. 高杆灯是指安装在高度大于19m的灯杆上的照明器具。

二、工程量计算实例

【例1】　某新建工程采用架空线路，如图5-1所示，混凝土电杆高10m，间距为30m，选用BLX-$(3\times70+1\times35)$，室外杆上干式变压器容量为315kV·A，变后杆高15m。试列出概预算项目，写出干式变压器的工程量。

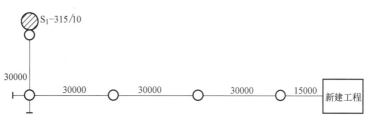

图5-1　某外线工程平面图

【错误答案】

解：（1）概预算项目共分为：变台组装、杆上安装变压器、导线架设、普通拉线制作安装、进户线铁横担安装。

（2）干式变压器的工程量：

1）定额工程量：

70mm^{2}导线长度：$(30\times4+15)m\times3=405m$

35mm^{2}导线长度：$(30\times4+15)m\times1=135m$

2）清单工程量：清单工程量为1台。

解析：本题考核的是列出概预算项目和干式变压器的工程量。对定额不熟悉的人容易把前面几项漏写或者错写，"变台组装"和"杆上安装变压器"有误，应改为：立混凝土电杆、杆上变台组装（315kV·A）。因此，定额工程量的计算也有误。

【正确答案】

解：（1）概预算项目共分为：立混凝土电杆，杆上变台组装（315kV·A）、导线架设、普通拉线制作安装、进户线铁横担安装。

（2）干式变压器的工程量：

1）定额工程量：

70mm^{2}导线长度：$(30\times4+15+2.5+0.5+2.5)m\times3=421.5m$

35mm^{2}导线长度：$(30\times4+15+2.5+0.5+2.5)m\times1=140.5m$

2）清单工程量：清单工程量为1台。

第二节　给水排水、采暖、燃气安装工程工程量计算

一、工程量计算规则

1. 定额工程量计算规则

（1）给水排水安装工程

1）管道安装。

① 各种管道均以施工图所示中心长度，以"m"为计量单位，不扣除阀门、管件（包括减压器、疏水器、水表、伸缩器等组成安装）所占的长度。

② 镀锌薄钢板套管制作以"个"为计量单位，其安装已包括在管道安装定额内，不得另行计算。

③ 管道支架制作安装，室内管道公称直径为32mm以下的安装工程已包括在内，不得另行计算；公称直径为32mm以上的，可另行计算。

④ 各种伸缩器制作安装，均以"个"为计量单位。方形伸缩器的两臂，按臂长的两倍合并在管道长度内计算。

⑤ 管道消毒、冲洗、压力试验，均按管道长度以"m"为计量单位，不扣除阀门、管件所占的长度。

2）阀门、水位标尺安装。

① 各种阀门安装均以"个"为计量单位。法兰阀门安装，当仅为一侧法兰连接时，定额所列法兰、带帽螺栓及垫圈数量减半，其余不变。

② 各种法兰连接用垫片均按石棉橡胶板计算。如用其他材料，不得调整。

③ 法兰阀（带短管甲乙）安装均以"套"为计量单位。当接口材料不同时，可调整。

④ 自动排气阀安装以"个"为计量单位，已包括了支架制作安装，不得另行计算。

⑤ 浮球阀安装均以"个"为计量单位，已包括了联杆及浮球的安装，不得另行计算。

⑥ 浮标液面计、水位标尺是按国家标准编制的，当设计与国家标准不符时，可调整。

3）低压器具、水表组成与安装。

① 减压器、疏水器组成安装以"组"为计量单位。当设计组成与定额不同时，阀门和压力表数量可按设计用量进行调整，其余不变。

② 减压器安装按高压侧的直径计算。

③ 法兰水表安装以"组"为计量单位，定额中旁通管及止回阀如与设计规定的安装形式不同，阀门及止回阀可按设计规定进行调整，其余不变。

4）卫生器具制作安装。

① 卫生器具组成安装以"组"为计量单位，已按标准图综合了卫生器具与给水管、排水管连接的人工与材料用量，不得另行计算。

② 浴盆安装不包括支座和四周侧面的砌砖及瓷砖粘贴。

③ 蹲式大便器安装已包括了固定大便器的垫砖，但不包括大便器蹲台砌筑。

④ 大便槽、小便槽自动冲洗水箱安装以"套"为计量单位，已包括了水箱托架的制作安装，不得另行计算。

⑤ 小便槽冲洗管制作与安装以"m"为计量单位，不包括阀门安装，其工程量可按相应定额另行计算。

⑥ 脚踏开关安装已包括了弯管与喷头的安装不得另行计算。

⑦ 冷热水混合器安装以"套"为计量单位，不包括支架制作安装及阀门安装，其工程量可按相应定额另行计算。

⑧ 蒸汽—水加热器安装以"台"为计量单位，包括莲蓬头安装，不包括支架制作安装及阀门、疏水器安装，其工程量可按相应定额另行计算。

⑨ 容积式水加热器安装以"台"为计量单位，不包括安全阀安装、保温与基础砌筑，其工程量可按相应定额另行计算。

⑩ 电热水器、电开水炉安装以"台"为计量单位，只考虑本体安装，连接管、连接件等工程量可按相应定额另行计算。

饮水器安装以"台"为计量单位，阀门和脚踏开关工程量可按相应定额另行计算。

（2）采暖安装工程

1）管道安装。

① 室内采暖管道的工程量均按图示中心线的"延长米"为单位计算，阀门、管件所占长度均不从延长米中扣除，但散热器片所占长度应扣除。

室内采暖管道安装工程除管道本身价值和直径在 32mm 以上钢管支架需另行计算外，以下工作内容均已考虑在定额中，不得重复计算：管道及接头零件安装；水压试验或灌水试验；DN32 以内钢管的管卡及托钩制作安装；弯管制作与安装（伸缩器、圆形补偿器除外）；穿墙及过楼板薄钢板套管安装人工等。穿墙及过楼板镀锌薄钢板套管的制作应按镀锌薄钢板套管项目另行计算，钢套管的制作安装工料，按室外焊接钢管安装项目计算。

② 安装的管子规格与定额中子目规定不相符时，应使用接近规格的项目，规格居中时按大者套用，超过定额最大规格时可做补充定额。

③ 各种伸缩器制作安装根据其不同形式、连接方式和公称直径，分别以"个"为单位计算。

用直管弯制伸缩器，在计算工程量时，应分别并入不同直径的导管延长米内，弯曲的两臂长度原则上应按设计确定的尺寸计算。当设计未明确时，按弯曲臂长（H）的两倍计算。

套筒式以及除去以直管弯制的伸缩器以外的各种形式的补偿器，在计算时，均不扣除所占管道的长度。

④ 阀门安装工程量以"个"为单位计算，不分低压、中压，使用同一定额，但连接方式应按螺纹式和法兰式以及不同规格分别计算。螺纹阀门安装适用于内外螺纹的阀门安装。法兰阀门安装适用于各种法兰阀门的安装。当仅为一侧法兰连接时，定额中的法兰、带帽螺栓及钢垫圈数量减半计算。各种法兰连接用垫片均按橡胶石棉板计算，如用其他材料，均不做调整。

2）低压器具安装。减压器和疏水器的组成与安装均应区分连接方式和公称直径的不同，分别以"组"为单位计算。减压器安装按高压侧的直径计算。减压器、疏水器如设计组成与定额不同时，阀门和压力表数量可按设计需要量调整，其余不变。但单体安装的减压器、疏水器应按阀门安装项目执行。单体安装的安全阀可按阀门安装相应定额项目乘以系数 2.0 计算。

3）采暖器具安装。

① 热空气幕安装，以"台"为计量单位，其支架制作安装可按相应定额另行计算。

② 长翼、柱形铸铁散热器组成安装，以"片"为计量单位，其汽包垫不得换算；圆翼形铸铁散热器组成安装，以"节"为计量单位。

③ 光排管散热器制作安装，以"m"为计量单位，已包括联管长度，不得另行计算。

4）小型容器制作安装。

① 钢板水箱制作，按施工图所示尺寸，不扣除人孔、手孔质量，以"kg"为计量单位。法兰和短管水位计可按相应定额另行计算。

② 钢板水箱安装，按国家标准图集水箱容量，以"m³"计算，执行相应定额。各种水箱安装，均以"个"为计量单位。

（3）燃气安装工程

1）各种管道安装，均按设计管道中心线长度，以"m"为计量单位，不扣除各种管件和阀门所占长度。

2）除铸铁管外，管道安装中已包括管件安装和管件本身价值。

3）承插铸铁管安装定额中未列出接头零件，其本身价值应按设计用量另行计算，其余不变。

4）钢管焊接挖眼接管工作，均在定额中综合取定，不得另行计算。

5）调长器及调长器与阀门连接，包括一副法兰安装，螺栓规格和数量以压力为 0.6MPa 的法兰装配；如压力不同，可按设计要求的数量、规格进行调整，其他不变。

6）燃气表安装，按不同规格、型号分别以"块"为计量单位，不包括表托、支架、表底垫层基础，其工程量可根据设计要求另行计算。

7）燃气加热设备、灶具等，按不同用途规定型号，分别以"台"为计量单位。

8）气嘴安装按规格型号连接方式，分别以"个"为计量单位。

2. 清单计价工程量计算规则

（1）给水排水安装工程

1）给水排水、采暖、燃气管道（编码：031001）工程量清单项目设置及工程量计算规则见表 5-18。

表 5-18　给水排水、采暖、燃气管道（编码：031001）

项目编码	项目名称	项目特征	计量单位	工程量计算规则	工程内容
031001001	镀锌钢管	1. 安装部位 2. 介质 3. 规格、压力等级 4. 连接形式 5. 压力试验及吹、洗设计要求 6. 警示带形式	m	按设计图示管道中心线以长度计算	1. 管道安装 2. 管件制作、安装 3. 压力试验 4. 吹扫、冲洗 5. 警示带铺设
031001002	钢管				
031001003	不锈钢管				
031001004	铜管				
031001005	铸铁管	1. 安装部位 2. 介质 3. 材质、规格 4. 连接形式 5. 接口材料 6. 压力试验及吹、洗设计要求 7. 警示带形式			1. 管道安装 2. 管件安装 3. 压力试验 4. 吹扫、冲洗 5. 警示带铺设

（续）

项目编码	项目名称	项目特征	计量单位	工程量计算规则	工程内容
031001006	塑料管	1. 安装部位 2. 介质 3. 材质、规格 4. 连接形式 5. 阻火圈设计要求 6. 压力试验及吹、洗设计要求 7. 警示带形式	m	按设计图示管道中心线以长度计算	1. 管道安装 2. 管件安装 3. 塑料卡固定 4. 阻火圈安装 5. 压力试验 6. 吹扫、冲洗 7. 警示带铺设
031001007	复合管	1. 安装部位 2. 介质 3. 材质、规格 4. 连接形式 5. 压力试验及吹、洗设计要求 6. 警示带形式			1. 管道安装 2. 管件安装 3. 塑料卡固定 4. 压力试验 5. 吹扫、冲洗 6. 警示带铺设
031001008	直埋式预制保温管	1. 埋设深度 2. 介质 3. 管道材质、规格 4. 连接形式 5. 接口保温材料 6. 压力试验及吹、洗设计要求 7. 警示带形式			1. 管道安装 2. 管件安装 3. 接口保温 4. 压力试验 5. 吹扫、冲洗 6. 警示带铺设
031001009	承插陶瓷缸瓦管	1. 埋设深度 2. 规格 3. 接口方式及材料 4. 压力试验及吹、洗设计要求 5. 警示带形式			1. 管道安装 2. 管件安装 3. 压力试验 4. 吹扫、冲洗 5. 警示带铺设
031001010	承插水泥管				
031001011	室外管道碰头	1. 介质 2. 碰头形式 3. 材质、规格 4. 连接形式 5. 防腐、绝热设计要求	处	按设计图示以处计算	1. 挖填工作坑或暖气沟拆除及修复 2. 碰头 3. 接口处防腐 4. 接口处绝热及保护层

注：1. 安装部位是指管道安装在室内、室外。
2. 输送介质包括给水、排水、中水、雨水、热媒体、燃气、空调水等。
3. 方形补偿器制作安装应含在管道安装综合单价中。
4. 铸铁管安装适用于承插铸铁管、球墨铸铁管、柔性抗震铸铁管等。
5. 塑料管安装适用于 UPVC、PVC、PP-C、PP-R、PE、PB 管等塑料管材。
6. 复合管安装适用于钢塑复合管、铝塑复合管、钢骨架复合管等复合型管道安装。
7. 直埋保温管包括直埋保温管件安装及接口保温。
8. 排水管道安装包括立管检查口、透气帽。
9. 室外管道碰头：
（1）适用于新建或扩建工程热源、水源、气源管道与原（旧）有管道碰头。
（2）室外管道碰头包括挖工作坑、土方回填或暖气沟局部拆除及修复。
（3）带介质管道碰头包括开关闸、临时放水管线敷设等费用。
（4）热源管道碰头每处包括供、回水两个接口。
（5）碰头形式是指带介质碰头、不带介质碰头。
10. 管道工程量计算不扣除阀门、管件（包括减压器、疏水器、水表、伸缩器等组成安装）及附属构筑物所占长度；方形补偿器以其所占长度列入管道安装工程量。
11. 压力试验按设计要求描述试验方法，如水压试验、气压试验、泄漏性试验、闭水试验、通球试验、真空试验等。
12. 吹、洗按设计要求描述吹扫、冲洗方法，如水冲洗、消毒冲洗、空气吹扫等。

2）支架及其他（编码：031002）工程量清单项目设置及工程量计算规则见表5-19。

表5-19　支架及其他（编码：031002）

项目编码	项目名称	项目特征	计量单位	工程量计算规则	工程内容
031002001	管道支架	1. 材质 2. 管架形式	1. kg 2. 套	1. 以kg计量，按设计图示质量计算 2. 以套计量，按设计图示数量计算	1. 制作 2. 安装
031002002	设备支架	1. 材质 2. 形式			
031002003	套管	1. 名称、类型 2. 材质 3. 规格 4. 填料材质	个	按设计图示数量计算	1. 制作 2. 安装 3. 除锈、刷油

注：1. 单件支架质量在100kg以上的管道支吊架执行设备支吊架制作安装。
　　2. 成品支架安装执行相应管道支架或设备支架项目，不再计取制作费，支架本身价值含在综合单价中。
　　3. 套管制作安装适用于穿基础、墙、楼板等部位的防水套管、填料套管、无填料套管及防火套管等，应分别列项。

3）管道附件（编码：031003）工程量清单项目设置及工程量计算规则见表5-20。

表5-20　管道附件（编码：031003）

项目编码	项目名称	项目特征	计量单位	工程量计算规则	工程内容
031003001	螺纹阀门	1. 类型 2. 材质 3. 规格、压力等级 4. 连接形式 5. 焊接方法	个	按设计图示数量计算	1. 安装 2. 电气接线 3. 调试
031003002	螺纹法兰阀门				
031003003	焊接法兰阀心				
031003004	带短管甲乙阀门	1. 材质 2. 规格、压力等级 3. 连接形式 4. 接口方式及材质			
031003005	塑料阀门	1. 规格 2. 连接形式			1. 安装 2. 调试
031003006	减压器	1. 材质 2. 规格、压力等级 3. 连接形式 4. 附件配置	组		组装
031003007	疏水器				
031003008	除污器（过滤器）	1. 材质 2. 规格、压力等极 3. 连接形式			
031003009	补偿器	1. 类型 2. 材质 3. 规格、压力等级 4. 连接形式	个		安装
031003010	软接头（软管）	1. 材质 2. 规格 3. 连接形式	个（组）		

（续）

项目编码	项目名称	项目特征	计量单位	工程量计算规则	工程内容
031003011	法兰	1. 材质 2. 规格、压力等级 3. 连接形式	副 （片）		安装
031003012	倒流 防止器	1. 材质 2. 型号、规格 3. 连接形式			
031003013	水表	1. 安装部位（室内外） 2. 型号、规格 3. 连接形式 4. 附件配置		按设计图示数量计算	组装
031003014	热量表	1. 类型 2. 型号、规格 3. 连接形式	块		
031003015	塑料排水 管消声器	1. 规格 2. 连接形式	个		
031003016	浮标液 面计		组		安装
031003017	漂浮 水位标尺	1. 用途 2. 规格	套		

注：1. 法兰阀门安装包括法兰连接，不得另计。阀门安装如仅为一侧法兰连接时，应在项目特征中描述。
　　2. 塑料阀门连接形式需注明热熔连接、粘接、热风焊接等方式。
　　3. 减压器规格按高压侧管道规格描述。
　　4. 减压器、疏水器、倒流防止器等项目包括组成与安装工作内容，项目特征应根据设计要求描述附件配置情况，或根据××图集或××施工图做法描述。

4）卫生器具（编码：031004）工程量清单项目设置及工程量计算规则见表5-21。

表 5-21　卫生器具（编号：031004）

项目编码	项目名称	项目特征	计量单位	工程量计算规则	工程内容
031004001	浴缸	1. 材质 2. 规格、类型 3. 组装形式 4. 附件名称、数量	组		1. 器具安装 2. 附件安装
031004002	净身盆				
031004003	洗脸盆				
031004004	洗涤盆				
031004005	化验盆				
031004006	大便盆				
031004007	小便盆			按设计图示数量计算	
031004008	其他成品 卫生器具				
031004009	烘手器	1. 材质 2. 型号、规格	个		安装
031004010	淋浴器	1. 材质、规格 2. 组装形式 3. 附件名称、数量	套		1. 器具安装 2. 附件安装
031004011	淋浴间				
031004012	桑拿浴房				

（续）

项目编码	项目名称	项目特征	计量单位	工程量计算规则	工程内容
031004013	大、小便槽自动冲洗水箱	1. 材质、类型 2. 规格 3. 水箱配件 4. 支架形式及做法 5. 器具及支架除锈刷油设计要求	套	按设计图示数量计算	1. 制作 2. 安装 3. 支架制作、安装 4. 除锈、刷油
031004014	给水、排水附（配）件	1. 材质 2. 型号、规格 3. 安装方式	个 （组）		安装
031004015	小便槽冲洗	1. 材质 2. 规格	m		
031004016	蒸气—水加热器	1. 类型 2. 型号、规格 3. 安装方式		按设计图示长度计算	1. 制作 2. 安装
031004017	冷热水混合器		套		
031004018	饮水器				
031004019	隔油器	1. 类型 2. 型号、规格 3. 安装部位		按设计图示数量计算	安装

注：1. 成品卫生器具项目中的附件安装，主要是指给水附件包括水嘴、阀门、喷头等，排水配件包括存水弯、排水栓、下水口等以及配备的连接管。

2. 浴缸支座和浴缸周边的砌砖、瓷砖粘贴，应按现行国家标准《房屋建筑与装饰工程工程量计算规范》（GB 50854—2013）相关项目编码列项；功能性浴缸不含电动机接线和调试，应按《通用安装工程工程量计算规范》（GB 50856—2013）的电气设备安装工程相关项目编码列项。

3. 洗脸盆适用于洗脸盆、洗发盆、洗手盆安装。

4. 器具安装中若采用混凝土或砖基础，应按现行国家标准《房屋建筑与装饰工程工程量计算规范》（GB 50854—2013）相关项目编码列项。

5. 给水、排水附（配）件是指独立安装的水嘴、地漏、地面扫出口等。

（2）供暖安装工程

1）供暖器具（编码：031005）工程量清单项目设置及工程量计算规则见表5-22。

表5-22　供暖器具（编码：031005）

项目编码	项目名称	项目特征	计量单位	工程量计算规则	工程内容
031005001	铸铁散热器	1. 型号、规格 2. 安装方式 3. 托架形式 4. 器具、托架除锈、刷油设计要求	片 （组）	按设计图示数量计算	1. 组对、安装 2. 水压试验 3. 托架制作、安装 4. 除锈、刷油
031005002	钢制散热器	1. 结构形式 2. 型号、规格 3. 安装方式 4. 托架刷油设计要求			1. 安装 2. 托架安装 3. 托架刷油
031005003	其他成品散热器	1. 材质、类型 2. 型号、规格 3. 托架刷油设计要求	组 （片）		

（续）

项目编码	项目名称	项目特征	计量单位	工程量计算规则	工程内容
031005004	光排管散热器	1. 材质、类型 2. 型号、规格 3. 托架形式及做法 4. 器具、托架除锈、刷油设计要求	m	按设计图示排管长度计算	1. 制作、安装 2. 水压试验 3. 除锈、刷油
031005005	暖风机	1. 质量 2. 型号、规格 3. 安装方式	台	按设计图示数量计算	安装
031005006	地板辐射采暖	1. 保温层材质、厚度 2. 钢丝网设计要求 3. 管道材质、规格 4. 压力试验及吹扫设计要求	1. m² 2. m	1. 以 m² 计量，按设计图示采暖房间净面积计算 2. 以 m 计量，按设计图示管道长度计算	1. 保温层及钢丝网铺设 2. 管道排布、绑扎、固定 3. 与分集水器连接 4. 水压试验、冲洗 5. 配合地面浇筑
031005007	热媒集配装置	1. 材质 2. 规格 3. 附件名称、规格、数量	台	按设计图示数量计算	1. 制作 2. 安装 3. 附件安装
031005008	集气罐	1. 材质 2. 规格	个		1. 制作 2. 安装

注：1. 铸铁散热器包括拉条制作安装。
2. 钢制散热器结构形式包括钢制闭式、板式、壁板式、扁管式及柱式散热器等，应分别列项计算。
3. 光排管散热器包括联管制作安装。
4. 地板辐射供暖包括与分集水器连接和配合地面浇筑用工。

2）供暖、给水排水设备（编码：031006）工程量清单项目设置及工程量计算规则见表5-23。

表5-23 供暖、给水排水设备（编码：031006）

项目编码	项目名称	项目特征	计量单位	工程量计算规则	工程内容
031006001	变频给水设备	1. 设备名称 2. 型号、规格 3. 水泵主要技术参数 4. 附件名称、规格、数量 5. 减振装置形式	套	按设计图示数量计算	1. 设备安装 2. 附件安装 3. 调试 4. 减振装置制作、安装
031006002	稳压给水设备				
031006003	无负压给水设备				
031006004	气压罐	1. 型号、规格 2. 安装方式	台		1. 安装 2. 调试
031006005	太阳能集热装置	1. 型号、规格 2. 安装方式 3. 附件名称、规格、数量	套		1. 安装 2. 附件安装
031006006	地源（水源、气源）热泵机组	1. 型号、规格 2. 安装方式 3. 减振装置形式	组		1. 安装 2. 减振装置制作、安装

（续）

项目编码	项目名称	项目特征	计量单位	工程量计算规则	工程内容
031006007	除砂器	1. 型号、规格 2. 安装方式	组	按设计图示数量计算	安装
031006008	水处理器	1. 类型 2. 型号、规格	台		安装
031006009	超声波灭藻设备				
031006010	水质净化器				
031006011	紫外线杀菌设备	1. 名称 2. 规格			
031006012	热水器、开水炉	1. 能源种类 2. 型号、容积 3. 安装方式			1. 安装 2. 附件安装
031006013	消毒器、消毒锅	1. 类型 2. 型号、规格			安装
031006014	直饮水机	1. 名称 2. 规格	套		
031006015	水箱	1. 材质、类型 2. 型号、规格	台		1. 制作 2. 安装

注：1. 变频给水设备、稳压给水设备、无负压给水设备安装说明：

（1）压力容器包括气压罐、稳压罐、无负压罐。

（2）水泵包括主泵及备用泵，应注明数量。

（3）附件包括给水装置中配备的阀门、仪表、软接头，应注明数量，含设备、附件之间管路连接。

（4）泵组底座安装，不包括基础砌（浇）筑，应按现行国家标准《房屋建筑与装饰工程工程量计算规范》（GB 50854—2013）相关项目编码列项。

（5）控制柜安装及电气接线、调试应按《通用安装工程工程量计算规范》（GB 50856—2013）的电气设备工程相关项目编码列项。

2. 地源热泵机组，接管以及接管上的阀门、软接头、减振装置和基础另行计算，应按相关项目编码列项。

（3）燃气安装工程 燃气器具（编码：031007）工程量清单项目设置及工程量计算规则见表5-24。

表5-24 燃气器具（编码：031007）

项目编码	项目名称	项目特征	计量单位	工程量计算规则	工程内容
031007001	燃气开水炉	1. 型号、容量 2. 安装方式 3. 附件型号、规格	台	按设计图示数量计算	1. 安装 2. 附件安装
031007002	燃气采暖炉				
031007003	燃气沸水器、消毒器	1. 类型 2. 型号、容量 3. 安装方式 4. 附件型号、规格			
031007004	燃气热水器				
031007005	燃气表	1. 类型 2. 型号、规格 3. 连接形式 4. 托架设计要求	块 （台）		1. 安装 2. 托架制作、安装

（续）

项目编码	项目名称	项目特征	计量单位	工程量计算规则	工程内容
031007006	燃气灶具	1. 用途 2. 类型 3. 型号、规格 4. 安装方式 5. 附件型号、规格	台	按设计图示数量计算	1. 安装 2. 附件安装
031007007	气嘴	1. 单嘴、双嘴 2. 材质 3. 型号、规格 4. 连接形式	个		
031007008	调压器	1. 类型 2. 型号、规格 3. 安装方式	台		安装
031007009	燃气抽水管	1. 材质 2. 规格 3. 连接形式	个		
031007010	燃气管道调长器	1. 规格 2. 压力等级 3. 连接形式			
031007011	调压箱、调压装置	1. 类型 2. 型号、规格 3. 安装部位	台		
031007012	引入口砌筑	1. 砌筑形式、材质 2. 保温、保护材料设计要求	处		1. 保温（保护）台砌筑 2. 填充保温（保护）材料

注：1. 沸水器、消毒器适用于容积式沸水器、自动沸水器、燃气消毒器等。
    2. 燃气灶具适用于人工煤气灶具、液化石油气灶具、天然气燃气灶具等，用途应描述民用或公用，类型应描述所采用气源。
    3. 调压箱、调压装置安装部位应区分室内、室外。
    4. 引入口砌筑形式应注明地上、地下。

二、工程量计算实例

【例1】　如图 5-2 所示为某厨房给水系统图，采用镀锌钢管螺纹连接，试计算镀锌钢管的工程量。

解：（1）定额工程量：

$DN25$：2.0m（节点 3 到节点 5）

$DN20$：3m + 0.5m + 0.5m（节点 3 到节点 2）= 4m

$DN15$：（1.5 + 0.7）m（节点 3 到节点 4）+ 0.6m（节点 2 到节点 0′）+ 0.5m（节点 2 到节点 1）+ 0.6m（节点 1 到节点 0）= 3.9m

（2）清单工程量：清单工程量同定额工程量。

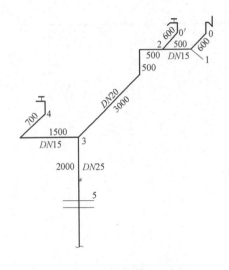

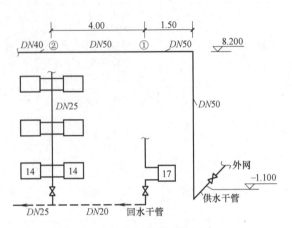

图 5-2　某厨房给水系统图　　　　　图 5-3　幼儿园供暖系统图

【例 2】　幼儿园供暖系统图如图 5-3 所示，该幼儿园共 3 层，每层均为 2.8m，该系统图为供暖系统图中的部分立管示意图，共需散热器 136 片。试计算散热器工程量。

解：清单工程量同定额工程量，由题意知散热器工程量为 136 片。

第三节　通风空调安装工程工程量计算

一、工程量计算规则

1. 定额工程量计算规则

（1）通风空调设备制作安装

1）风机安装按设计不同型号以"台"为计量单位。

2）整体式空调机组安装，空调器按不同质量和安装方式，以"台"为计量单位；分段组装空调器，按质量以"kg"为计量单位。

3）风机盘管安装按安装方式不同以"台"为计量单位。

4）空气加热器、除尘设备安装按质量不同以"台"为计量单位。

（2）通风管道制作安装

1）风管制作安装以施工图规格不同按展开面积计算，不扣除检查孔、测定孔、送风口、吸风口等所占面积。圆形风管的计算式为

$$F = \pi D L$$

式中　F——圆形风管展开面积（m^2）；

　　　D——圆形风管直径（m）；

　　　L——管道中心线长度（m）。

矩形风管按图示周长乘以管道中心线长度计算。

2）风管长度一律以施工图示中心线长度为准，包括弯头、三通、变径管、天圆地方等管件的长度，但不得包括部件所占长度。直径和周长按图示尺寸为准展开，咬口重叠部分已包括在定额内，不得另行增加。

3）风管导流叶片制作安装按图示叶片的面积计算。

4）整个通风系统设计采用渐缩管均匀送风者，圆形风管按平均直径、短形风管按平均周长计算。

5）塑料风管、复合型材料风管制作安装定额所列规格直径为内径，周长为内周长。

6）柔性软风管安装，按图示管道中心线长度以"m"为计量单位。柔性软风管阀门安装以个为计量单位。

7）软管（帆布接口）制作安装按图示尺寸以"m²"为计量单位。

8）风管检查孔质量按国家标准通风部件标准质量计算。

9）风管测定孔制作安装按其型号以"个"为计量单位。

10）薄钢板通风管道、净化通风管道、玻璃钢通风管道、复合型材料通风管道的制作安装中，已包括法兰、加固框和吊托支架，不得另行计算。

11）不锈钢通风管道、铝板通风管道的制作安装中，不包括法兰和吊托支架，可按相应定额以"kg"为计量单位另行计算。

12）塑料通风管道制作安装，不包括吊托支架，可按相应定额以"kg"为计量单位另行计算。

（3）通风管道部件制作安装

1）标准部件的制作，按其成品质量以"kg"为计量单位，根据设计型号、规格，按国家标准通风部件标准质量表计算质量，非标准部件按图示成品质量计算。部件的安装按图示规格尺寸（周长或直径），以"个"为计量单位，分别执行相应定额。

2）钢百叶窗及活动金属百叶风口的制作，以m²为计量单位，安装按规格尺寸以个为计量单位。

3）风帽筝绳制作安装按图示规格、长度以"kg"为计量单位。

4）风帽泛水制作安装按图示展开面积以"m²"为计量单位。

5）挡水板制作安装按空调器断面面积计算。

6）钢板密闭门制作安装以"个"为计量单位。

7）设备支架制作安装按图示尺寸以"kg"为计量单位，执行《静置设备与工艺金属结构制作安装工程》定额相应项目和工程量计算规则。

8）电加热器外壳制作安装按图示尺寸以"kg"为计量单位。

9）风机减振台座制作安装执行设备支架定额，定额内不包括减振器，应按设计规定另行计算。

10）高、中、低效过滤器、净化工作台安装，以"台"为计量单位；风淋室安装按不同质量以"台"为计量单位。

11）洁净室安装按质量计算，执行分段组装式空调器安装定额。

2. 清单计价工程量计算规则

1）通风空调设备及部件制作安装（编码：030701）工程量清单项目设置及工程量计算规则见表5-25。

表 5-25　通风空调设备及部件制作安装（编码：030701）

项目编码	项目名称	项目特征	计量单位	工程量计算规则	工程内容
030701001	空气加热器（冷却器）	1. 名称 2. 型号 3. 规格 4. 质量 5. 安装形式 6. 支架形式、材质	台	按设计图示数量计算	1. 本体安装、调试 2. 设备支架制作、安装 3. 补刷（喷）油漆
030701002	除尘设备				
030701003	空调器	1. 名称 2. 型号 3. 规格 4. 安装形式 5. 质量 6. 隔振垫（器）、支架形式、材质	台（组）		1. 本体安装或组装、调试 2. 设备支架制作、安装 3. 补刷（喷）油漆
030701004	风机盘管	1. 名称 2. 型号 3. 规格 4. 安装形式 5. 减振器、支架形式、材质 6. 试压要求	台		1. 本体安装、调试 2. 支架制作、安装 3. 试压 4. 补刷（喷）油漆
030701005	表冷器	1. 名称 2. 型号 3. 规格			1. 本体安装 2. 型钢制作、安装 3. 过滤器安装 4. 挡水板安装 5. 调试及运转 6. 补刷（喷）油漆
030701006	密闭门	1. 名称 2. 型号 3. 规格 4. 形式 5. 支架形式、材质	个		1. 本体制作 2. 本体安装 3. 支架制作、安装
030701007	挡水板				
030701008	滤水器、溢水器				
030701009	金属壳体				
030701010	过滤器	1. 名称 2. 型号 3. 规格 4. 类型 5. 框架形式、材质	1. 台 2. m²	1. 以台计量，按设计图示数量计算 2. 以面积计量，按设计图示尺寸以过滤面积计算	1. 本体安装 2. 框架制作、安装 3. 补刷（喷）油漆
030701011	净化工作室	1. 名称 2. 型号 3. 规格 4. 类型	台	按设计图示数量计算	1. 本体安装 2. 补刷（喷）油漆

（续）

项目编码	项目名称	项目特征	计量单位	工程量计算规则	工程内容
030701012	风淋室	1. 名称 2. 型号 3. 规格 4. 类型 5. 质量	台	按设计图示数量计算	1. 本体安装 2. 补刷（喷）油漆
030701013	洁净室				
030701014	除湿机	1. 名称 2. 型号 3. 规格 4. 类型			本体安装
030701015	人防过滤吸收器	1. 名称 2. 规格 3. 形式 4. 材质 5. 支架形式、材质			1. 过滤吸收器安装 2. 支架制作、安装

注：通风空调设备安装的地脚螺栓按设备自带考虑。

2）通风管道制作安装（编码：030702）工程量清单项目设置及工程量计算规则见表5-26。

表5-26　通风管道制作安装（编码：030702）

项目编码	项目名称	项目特征	计量单位	工程量计算规则	工程内容
030702001	碳钢通风管道	1. 名称 2. 材质 3. 形状 4. 规格 5. 板材厚度 6. 管件、法兰等附件及支架设计要求 7. 接口形式	m²	按设计图示内径尺寸以展开面积计算	1. 风管、管件、法兰、零件、支吊架制作、安装 2. 过跨风管落地支架制作、安装
030702002	净化通风管道				
030702003	不锈钢板通风管道	1. 名称 2. 形状 3. 规格 4. 板材厚度 5. 管件、法兰等附件及支架设计要求 6. 接口形式			
030702004	铝板通风管道				
030702005	塑料通风管道				
030702006	玻璃钢通风管道	1. 名称 2. 形状 3. 规格 4. 板材厚度 5. 支架形式、材质 6. 接口形式		按设计图示外径尺寸以展开面积计算	1. 风管、管件安装 2. 支吊架制作、安装 3. 过跨风管落地支架制作、安装
030702007	复合型风管	1. 名称 2. 材质 3. 形状 4. 规格 5. 板材厚度 6. 接口形式 7. 支架形式、材质			

（续）

项目编码	项目名称	项目特征	计量单位	工程量计算规则	工程内容
030702008	柔性软风管	1. 名称 2. 材质 3. 规格 4. 风管接头、支架形式、材质	1. m 2. 节	1. 以 m 计量，按设计图示中心线以长度计算 2. 以节计量，按设计图示数量计算	1. 风管安装 2. 风管接头安装 3. 支吊架制作安装
030702009	弯头导流叶片	1. 名称 2. 材质 3. 规格 4. 形式	1. m² 2. 组	1. 以面积计量，按设计图示以展开面积 m² 计算 2. 以组计量，按设计图示数量计算	1. 制作 2. 组装
030702010	风管检查孔	1. 名称 2. 材质 3. 规格	1. kg 2. 个	1. 以 kg 计量，按风管检查孔质量计算 2. 以个计量，按设计图示数量计算	1. 制作 2. 安装
030702011	温度、风量测定孔	1. 名称 2. 材质 3. 规格 4. 设计要求	个	按设计图示数量计算	

注：1. 风管展开面积不扣除检查孔、测定孔、送风口、吸风口等所占面积；风管长度一律以设计图示中心线长度为准（主管与支管以其中心线交点划分），包括弯头、三通、变径管、天圆地方等管件的长度，但不包括部件所占的长度。风管展开面积不包括风管、管口重叠部分面积。风管渐缩管：圆形风管按平均直径计算；矩形风管按平均周长计算。
   2. 穿墙套管按展开面积计算，计入通风管道工程量中。
   3. 通风管道的法兰垫料或封口材料，按图样要求应在项目特征中描述。
   4. 净化通风管的空气洁净度按100000级标准编制，净化通风管使用的型钢材料如要求镀锌时，工作内容应注明支架镀锌。
   5. 弯头导流叶片数量按设计图样或规范要求计算。
   6. 风管检查孔、温度测定孔、风量测定孔数量，按设计图样或规范要求计算。

3）通风管道部件制作安装（编码：030703）工程量清单项目设置及工程量计算规则见表5-27。

表5-27　通风管道部件制作安装（编码：030703）

项目编码	项目名称	项目特征	计量单位	工程量计算规则	工程内容
030703001	碳钢阀门	1. 名称 2. 型号 3. 规格 4. 质量 5. 类型 6. 支架形式、材质	个	按设计图示数量计算	1. 阀体制作 2. 阀体安装 3. 支架制作、安装
030703002	柔性软风管阀门	1. 名称 2. 规格 3. 材质 4. 类型			阀体安装
030703003	铝蝶阀	1. 名称 2. 规格			
030703004	不锈钢蝶阀	3. 质量 4. 类型			

（续）

项目编码	项目名称	项目特征	计量单位	工程量计算规则	工程内容
030703005	塑料阀门	1. 名称 2. 型号 3. 规格 4. 类型	个	按设计图示数量计算	阀体安装
030703006	玻璃钢蝶阀				
030703007	碳钢风口、散流器、百叶窗	1. 名称 2. 型号 3. 规格 4. 质量 5. 类型 6. 形式			1. 风口制作、安装 2. 散流器制作、安装 3. 百叶窗安装
030703008	不锈钢风口、散流器、百叶窗				
030703009	塑料风口、散流器、百叶窗				
030703010	玻璃钢风口	1. 名称 2. 型号 3. 规格 4. 类型 5. 形式			风口安装
030703011	铝及铝合金风口、散流器				1. 风口制作、安装 2. 散流器制作、安装
030703012	碳钢风帽	1. 名称 2. 规格 3. 质量 4. 类型 5. 形式 6. 风帽筝绳、泛水设计要求			1. 风帽制作、安装 2. 筒形风帽滴水盘制作、安装 3. 风帽筝绳制作、安装 4. 风帽泛水制作、安装
030703013	不锈钢风帽				
030703014	塑料风帽				
030703015	铝板伞形风帽				1. 伞形风帽制作、安装 2. 风帽筝绳制作、安装 3. 风帽泛水制作、安装
030703016	玻璃钢风帽				1. 玻璃钢风帽安装 2. 筒形风帽滴水盘安装 3. 风帽筝绳安装 4. 风帽泛水安装
030703017	碳钢罩类	1. 名称 2. 型号 3. 规格 4. 质量 5. 类型 6. 形式			1. 罩类制作 2. 罩类安装
030703018	塑料罩类				

（续）

项目编码	项目名称	项目特征	计量单位	工程量计算规则	工程内容
030703019	柔性接口	1. 名称 2. 规格 3. 材质 4. 类型 5. 形式	m²	按设计图示尺寸以展开面积计算	1. 柔性接口制作 2. 柔性接口安装
030703020	消声器	1. 名称 2. 规格 3. 材质 4. 形式 5. 质量 6. 支架形式、材质	个	按设计图示数量计算	1. 消声器制作 2. 消声器安装 3. 支架制作安装
030703021	静压箱	1. 名称 2. 规格 3. 形式 4. 材质 5. 支架形式、材质	1. 个 2. m²	1. 以个计量，按设计图示数量计算 2. 以 m² 计量，按设计图示尺寸以展开面积计算	1. 静压箱制作、安装 2. 支架制作、安装
030703022	人防超压自动排气阀	1. 名称 2. 型号 3. 规格 4. 类型	个	按设计图示数量计算	安装
030703023	人防手动密闭阀	1. 名称 2. 型号 3. 规格 4. 支架形式、材质	个	按设计图示数量计算	1. 密闭阀安装 2. 支架制作、安装
030703024	人防其他部件	1. 名称 2. 型号 3. 规格 4. 类型	个（套）	按设计图示数量计算	安装

注：1. 碳钢阀门包括空气加热器上通阀、空气加热器旁通阀、圆形瓣式启动阀、风管蝶阀、风管止回阀、密闭式斜插板阀、矩形风管三通调节阀、对开多叶调节阀、风管防火阀、各型风罩调节阀等。

2. 塑料阀门包括塑料蝶阀、塑料插板阀、各型风罩塑料调节阀。

3. 碳钢风口、散流器、百叶窗包括百叶风口、矩形送风口、矩形空气分布器、风管插板风口、旋转吹风口、圆形散流器、方形散流器、流线型散流器、送吸风口、活动箅式风口、网式风口、钢百叶窗等。

4. 碳钢罩类包括皮带式防护罩、电动机防雨罩、侧吸罩、中小型零件焊接台排气罩、整体分组式槽边侧吸罩、吹吸式槽边通风罩、条缝槽边抽风罩、泥心烘炉排气罩、升降式回转排气罩、上下吸式圆形回转罩、升降式排气罩、手锻炉排气罩。

5. 塑料罩类包括塑料槽边侧吸罩、塑料槽边风罩、塑料条缝槽边抽风罩。

6. 柔性接口包括金属、非金属软接口及伸缩节。

7. 消声器包括片式消声器、矿棉管式消声器、聚酯泡沫管式消声器、卡普隆纤维管式消声器、弧形声流式消声器、阻抗复合式消声器、微穿孔板消声器、消声弯头。

8. 通风部件如图样要求制作安装或用成品部件只安装不制作，这类特征在项目特征中应明确描述。

9. 静压箱的面积计算：按设计图示尺寸以展开面积计算，不扣除开口的面积。

二、工程量计算实例

【例 1】　某宾馆的排风示意图如图 5-4 所示，试计算风管的工程量。

【错误答案】

解：清单工程量同定额工程量。

（1）风管（800mm×400mm）的工程量计算：

长度 $L_1 = 4m + 1.25m + 3.35m + 1.6m + 2.8m + 1m + 1.5m = 15.5m$

风管（800mm×400mm）的工程量：$(0.8 + 0.4) \times 2 \times L_1 = 1.2 \times 2 \times 15.5 m^2 = 37.2 m^2$

（2）风管（630mm×400mm）的工程量计算：

长度 $L_2 = 2.75m$

风管（630mm×400mm）的工程量：$(0.63 + 0.4) \times 2 \times L_2 = 1.03 \times 2 \times 2.75 m^2 = 5.67 m^2$

解析：本题考核的是风管的工程量。第（1）小题中，在计算风管的长度时，没有把墙面（阴影部分）的宽度减掉，导致错误结果。因此风管的工程量也计算错误。

【正确答案】

解：清单工程量同定额工程量。

（1）风管（800mm×400mm）的工程量计算：

长度 $L_1 = 4m + 1.25m + 3.35m + 1.6m + 2.8m + 1m + 1.5m - \dfrac{0.8}{2}m = 15.10m$

风管（800mm×400mm）的工程量：$(0.8 + 0.4) \times 2 \times L_1 = 1.2 \times 2 \times 15.10 m^2 = 36.24 m^2$

（2）风管（630mm×400mm）的工程量计算：

长度 $L_2 = 2.75m$

风管（630mm×400mm）的工程量：$(0.63 + 0.4) \times 2 \times L_2 = 1.03 \times 2 \times 2.75 m^2 = 5.67 m^2$

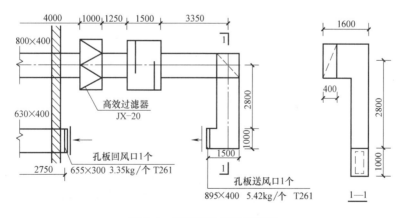

图 5-4　某宾馆的排风示意图

第四节 建筑智能化系统设备安装工程工程量计算

一、工程量计算规则

1. 定额工程量计算规则

（1）综合布线系统安装

1）双绞线缆、光缆、漏泄同轴电缆、电话线和广播线敷设、穿放、明布放以"m"计算。电缆敷设按单根延长米计算，如一个架上敷设 3 根各长 100m 的电缆，应按 300m 计算，以此类推。电缆附加及预留的长度是电缆敷设长度的组成部分，应计入电缆长度工程量之内。电缆进入建筑物的预留长度为 2m；电缆进入沟内或吊架上的引上（下）预留长度为 1.5m；电缆中间接头盒两端各预留 2m。

2）制作跳线以"条"计算，卡接双绞线缆以"对"计算，跳线架、配线架安装以"条"计算。

3）安装各类信息插座、过线（路）盒、信息插座底盒（接线盒）、光缆终端盒和跳块打接以"个"计算。

4）双绞线缆测试以"链路"或"信息点"计算，光纤测试以"链路"或"芯"计算。

5）光纤连接以"芯"（磨制法以"端口"）计算。

6）布放尾纤以"根"计算。

7）室外架设架空光缆以"m"计算。

8）光缆接续以"头"计算。

9）制作光缆成端接头以"套"计算。

10）安装漏泄同轴电缆接头以"个"计算。

11）成套电话组线箱、机柜、机架、减振底座安装以"台"计算。

12）安装电话出线口、中途箱、电话电缆架空引入装置以"个"计算。

（2）通信系统设备安装

1）铁塔架设以"t"计算。

2）天线安装、调试以"副"（天线加边加罩以"面"）计算。

3）馈线安装、调试以"条"计算。

4）微波无线接入系统基站设备、用户站设备安装、调试以"台"计算。

5）微波无线接入系统联调以"站"计算。

6）卫星通信甚小口径地面站（VSAT）中心站设备安装、调试以"台"计算。

7）卫星通信甚小口径地面站（VSAT）端站设备安装、调试，中心站内环测及全网系统对测，以"站"计算。

8）移动通信天馈系统中安装、调试，直放站设备、基站系统调试以及全系统联网调试，以"站"计算。

9）光纤数字传输设备安装、调试以"端"计算。

10）程控交换机安装、调试以"部"计算。

11）程控交换机中继线调试以"路"计算。

12）会议电话、电视系统设备安装、调试以"台"计算。

13）会议电话、电视系统联网测试以"系统"计算。

（3）计算机网络系统设备安装

1）计算机网络终端和附属设备安装以"台"计算。

2）网络系统设备、软件安装、调试以"台（套）"计算。

3）局域网交换机系统功能调试以"个"计算。

4）网络调试、系统试运行、验收测试以"系统"计算。

（4）建筑设备监控系统安装

1）基表及控制设备、第三方设备通信接口安装、抄表采集系统安装与调试以"个"计算。

2）中心管理系统调试、控制网络通信设备安装、控制器安装、流量计安装与调试以"台"计算。

3）楼宇自控中央管理系统安装、调试以"系统"计算。

4）楼宇自控用户软件安装、调试以"套"计算。

5）温（湿）度传感器、压力传感器、电量变送器和其他传感器及变送器以"支"计算

6）阀门及电动执行机构安装、调试以"个"计算。

（5）住宅（小区）智能化系统

1）住宅小区智能化设备安装工程以"台"计算。

2）住宅小区智能化设备系统调试以"套"（管理中心调试以"系统"）计算。

3）小区智能化系统试运行、测试以"系统"计算。

（6）有线电视系统设备安装

1）电视共用天线安装、调试以"副"计算。

2）敷设天线电缆以"m"计算。

3）制作天线电缆接头以"头"计算。

4）电视墙安装、前端射频设备安装、调试以"套"计算。

5）卫星地面站接收设备、光端设备、有线电视系统管理设备、播控设备安装、调试以"台"计算。

6）干线设备、分配网络安装、调试以"个"计算。

（7）扩声、背景音乐系统设备安装

1）扩声系统设备安装、调试以"台"计算。

2）扩声系统设备运行以"系统"计算。

3）背景音乐系统设备安装、调试以"台"计算。

4）背景音乐系统联调、试运行以"系统"计算。

（8）电源和电子设备防雷接地装置安装

1）太阳能电池方阵铁架安装以"m^2"计算。

2）太阳能电池、柴油发电机组安装以"组"计算。

3）柴油发电机组体外排气系统、柴油箱、机油箱安装以"套"计算。

4）开关电源安装、调试、整流器、其他配电设备安装以"台"计算。

5）天线铁塔防雷接地装置安装以"处"计算。

6）电子设备防雷接地装置、接地模块安装以"个"计算。

7）电源避雷器安装以"台"计算。

（9）楼宇安全防范系统设备安装

1）入侵报警器（室内外、周界）设备安装工程以"套"计算。

2）出入口控制设备安装工程以"台"计算。

3）电视监控设备安装工程以"台"（显示装置以"m²"）计算。

4）分系统调试、系统集成调试以"系统"计算。

2. 清单计价工程量计算规则

1）计算机应用网络系统工程（编码：030501）工程量清单项目设置及工程量计算规则见表5-28。

表5-28　计算机应用网络系统工程（编码：030501）

项目编码	项目名称	项目特征	计量单位	工程量计算规则	工程内容
030501001	输入设备	1. 名称 2. 类别 3. 规格 4. 安装方式	台	按设计图示数量计算	1. 本体安装 2. 单体调试
030501002	输出设备				
030501003	控制设备	1. 名称 2. 类别 3. 路数 4. 规格			1. 本体安装 2. 单体调试
030501004	存储设备	1. 名称 2. 类别 3. 规格 4. 容量 5. 通道数			
030501005	插箱、机柜	1. 名称 2. 类别 3. 规格			1. 本体安装 2. 接电源线、保护地线、功能地线
030501006	互联电缆		条		制作、安装
030501007	接口卡	1. 名称 2. 类别 3. 传输数率	1. 台 2. 套		1. 本体安装 2. 单体调试
030501008	集线器	1. 名称 2. 类别 3. 堆叠单元量			

（续）

项目编码	项目名称	项目特征	计量单位	工程量计算规则	工程内容
030501009	路由器	1. 名称 2. 类别 3. 规格 4. 功能	1. 台 2. 套	按设计图示数量计算	1. 本体安装 2. 单体调试
030501010	收发器				
030501011	防火墙				
030501012	交换机	1. 名称 2. 功能 3. 层数			
030501013	网络服务器	1. 名称 2. 类别 3. 规格			1. 本体安装 2. 插件安装 3. 接信号线、电源线、地线
030501014	计算机应用、网络系统接地				1. 安装焊接 2. 检测
030501015	计算机应用、网络系统联调	1. 名称 2. 类别 3. 用户数	系统		系统调试
030501016	计算机应用、网络系统试运行				试运行

2）建筑设备自动化系统工程（编码：030503）工程量清单项目设置及工程量计算规则见表5-29。

表5-29 建筑设备自动化系统工程（编码：030503）

项目编码	项目名称	项目特征	计量单位	工程量计算规则	工程内容
030503001	中央管理系统	1. 名称 2. 类别 3. 功能 4. 控制点数量	1. 系统 2. 套	按设计图示数量计算	1. 本体组装、连接 2. 系统软件安装 3. 单体调整 4. 系统联调 5. 接地
030503002	通信网络控制设备	1. 名称 2. 类别 3. 规格	1. 台 2. 套		1. 本体安装 2. 软件安装 3. 单体调试 4. 联调联试 5. 接地
030503003	控制器	1. 名称 2. 类别 3. 功能 4. 控制点数量			
030503004	控制箱	1. 名称 2. 类别 3. 功能 4. 控制器、控制模块规格、体积 5. 控制器、控制模块数量			1. 本体安装、标识 2. 控制器、控制模块组装 3. 单体调试 4. 联调联试 5. 接地

（续）

项目编码	项目名称	项目特征	计量单位	工程量计算规则	工程内容
030503005	第三方通信设备接口	1. 名称 2. 类别 3. 接口点数	1. 台 2. 套		1. 本体安装、连接 2. 接口软件安装调试 3. 单体调试 4. 联调联试
030503006	传感器	1. 名称 2. 类别 3. 功能 4. 规格	1. 支 2. 台	按设计图示数量计算	1. 本体安装和连接 2. 通电检查 3. 单体调整测试 4. 系统联调
030503007	电动调节阀执行机构		个		1. 本体安装和连接 2. 单体测试
030503008	电动、电磁阀门				
030503009	建筑设备自控化系统调试	1. 名称 2. 类别 3. 功能 4. 控制点数量	1. 台 2. 户		整体调试
030503010	建筑设备自控化系统试运行	名称	系统		试运行

3）有线电视、卫星接收系统工程（编码：030505）工程量清单项目设置及工程量计算规则见表5-30。

表5-30 有线电视、卫星接收系统工程（编码：030505）

项目编码	项目名称	项目特征	计量单位	工程量计算规则	工程内容
030505001	共用天线	1. 名称 2. 规格 3. 电视设备箱型号规格 4. 天线杆、基础种类	副	按设计图示数量计算	1. 电视设备箱安装 2. 天线杆基础安装 3. 天线杆安装 4. 天线安装
030505002	卫星电视天线、馈线系统	1. 名称 2. 规格 3. 地点 4. 楼高 5. 长度			安装、调测
030505003	前端机柜	1. 名称 2. 规格	个		1. 本体安装 2. 连接电源 3. 接地
030505004	电视墙	1. 名称 2. 监视器数量	套		1. 机架、监视器安装 2. 信号分配系统安装 3. 连接电源 4. 接地

（续）

项目编码	项目名称	项目特征	计量单位	工程量计算规则	工程内容
030505005	敷设射频同轴电缆	1. 名称 2. 规格 3. 敷设方式	m	按设计图示数量计算	线缆敷设
030505006	同轴电缆接头	1. 规格 2. 方式	个		电缆接头
030505007	前端射频设备	1. 名称 2. 类别 3. 频道数量	套		1. 本体安装 2. 单体调试
030505008	卫星地面站接收设备	1. 名称 2. 类别	台		1. 本体安装 2. 单体调试 3. 全站系统调试
030505009	光端设备安装、调试	1. 名称 2. 类别 3. 容量			1. 本体安装 2. 单体调试
030505010	有线电视系统管理设备	1. 名称 2. 类别			1. 本体安装 2. 系统调试
030505011	播控设备安装、调试	1. 名称 2. 功能 3. 规格			1. 本体安装 2. 系统调试
030505012	干线设备	1. 名称 2. 功能 3. 安装位置	个		
030505013	分配网络	1. 名称 2. 功能 3. 规格 4. 安装方式			1. 本体安装 2. 电缆接头制作、布线 3. 单体调试
030505014	终端调试	1. 名称 2. 功能			调试

4）音频、视频系统工程（编码：030506）工程量清单项目设置及工程量计算规则见表5-31。

表5-31　音频、视频系统工程（编码：030506）

项目编码	项目名称	项目特征	计量单位	工程量计算规则	工程内容
030506001	扩声系统设备	1. 名称 2. 类别 3. 规格 4. 安装方式	台	按设计图示数量计算	1. 本体安装 2. 单体调试
030506002	扩声系统调试	1. 名称 2. 类别 3. 功能	1. 只 2. 副 3. 台 4. 系统		1. 设备连接构成系统 2. 调试、达标 3. 通过 DSP 实现多种功能
030506003	扩声系统试运行	1. 名称 2. 试运行时间	系统		试运行

（续）

项目编码	项目名称	项目特征	计量单位	工程量计算规则	工程内容
030506004	背景音乐系统设备	1. 名称 2. 类别 3. 规格 4. 安装方式	台	按设计图示数量计算	1. 本体安装 2. 单体调试
030506005	背景音乐系统调试	1. 名称 2. 类别 3. 功能 4. 公共广播语言清晰度及相应声学特性指标要求	1. 台 2. 系统		1. 设备连接构成系统 2. 试听、调试 3. 系统试运行 4. 公共广播达到语言清晰度及相应声学特性指标
030506006	背景音乐系统试运行	1. 名称 2. 试运行时间	系统		试运行
030506007	视频系统设备	1. 名称 2. 类别 3. 规格 4. 功能、用途 5. 安装方式	台		1. 本体安装 2. 单体调试
030506008	视频系统调试	1. 名称 2. 类别 3. 功能	系统		1. 设备连接构成系统 2. 调试 3. 达到相应系统设计标准 4. 实现相应系统设计功能

5）安全防范系统工程（编码：030507）工程量清单项目设置及工程量计算规则见表5-32。

表5-32 安全防范系统工程（编码：030507）

项目编码	项目名称	项目特征	计量单位	工程量计算规则	工程内容
030507001	入侵探测设备	1. 名称 2. 类别 3. 探测范围 4. 安装方式	套	按设计图示数量计算	1. 本体安装 2. 单体调试
030507002	入侵报警控制器	1. 名称 2. 类别 3. 路数 4. 安装方式			
030507003	入侵报警中心显示设备	1. 名称 2. 类别 3. 安装方式			
030507004	入侵报警信号传输设备	1. 名称 2. 类别 3. 功率 4. 安装方式			

（续）

项目编码	项目名称	项目特征	计量单位	工程量计算规则	工程内容
030507005	出入口目标识别设备	1. 名称 2. 规格	台	按设计图示数量计算	1. 本体安装 2. 单体调试
030507006	出入口控制设备				
030507007	出入口执行机构设备	1. 名称 2. 类别 3. 规格			
030507008	监控摄像设备	1. 名称 2. 类别 3. 安装方式			
030507009	视频控制设备	1. 名称 2. 类别 3. 路数 4. 安装方式	1. 台 2. 套		
030507010	音频、视频及脉冲分配器				
030507011	视频补偿器	1. 名称 2. 通道量			
030507012	视频传输设备	1. 名称 2. 类别 3. 规格			
030507013	录像设备	1. 名称 2. 类别 3. 规格 4. 存储容量、格式			
030507014	显示设备	1. 名称 2. 类别 3. 规格	1. 台 2. m²	1. 以台计量，按设计图示数量计算 2. 以 m² 计量，按设计图示面积计算	
030507015	安全检查设备	1. 名称 2. 规格 3. 类别 4. 程式 5. 通道数	1. 台 2. 套	按设计图示数量计算	
030507016	停车场管理设备	1. 名称 2. 类别 3. 规格			
030507017	安全防范分系统调试	1. 名称 2. 类别 3. 通道数	系统	按设计内容	各分系统调试
030507018	安全防范全系统调试	系统内容			1. 各分系统的联动、参数设置 2. 全系统联调

（续）

项目编码	项目名称	项目特征	计量单位	工程量计算规则	工程内容
030507019	安全防范系统工程试运行	1. 名称 2. 类别	系统	按设计内容	系统试运行

注：其他相关问题，应按下列规定处理：

1. 建筑智能化工程适用于建筑室内外的建筑智能化安装工程。
2. 土方工程应按《房屋建筑与装饰工程工程量计算规范》（GB 50854—2013）相关项目编码列项。
3. 开挖路面工程应按《市政工程工程量计算规范》（GB 50857—2013）相关项目编码列项。
4. 配管工程、线槽、桥架、电气设备、电气器件、接线箱、盒、电线、接地系统、凿（压）槽、打孔、手孔、立杆工程，应按《通用安装工程工程量计算规范》（GB 50856—2013）附录 D 电气设备安装工程相关项目编码列项。
5. 蓄电池组、六孔管道、专业通信系统工程，应按《通用安装工程工程量计算规范》（GB 50856—2013）附录 K 通信设备及线路工程相关项目编码列项。
6. 机架等项目的除锈、刷油，应按《通用安装工程工程量计算规范》（GB 50856—2013）附录 L 刷油、防腐蚀、绝热工程相关项目编码列项。
7. 如主项工程量与综合工程内容工程量不对应，列综合项时需列出综合工程内容的工程量。
8. 由国家或地方检测验收部门进行的检测验收应按《通风安装工程工程量计算规范》（GB 50856—2013）附录 M 措施项目编码列项。

二、工程量计算实例

某市一所大学的图书馆工程，建筑面积为 6500m²，框架结构，地下 1 层，地上 7 层。合同规定 2019 年 10 月 10 日开工，合同约定采用工料单价法计价。

已知： 本工程综合布线系统部分工程量及市场单价见表 5-33。

表 5-33　工程量及市场单价

序号	项目名称	安装方式	单位	数量	市场单价
1	成套电话组线箱（100 对）	暗装距地 0.5m	台	8	2300 元/台
2	超五类 4 对非屏蔽双绞线 UTP5	穿钢管敷设	m	3850	3 元/m
3	焊接钢管 SC20	混凝土结构暗敷	m	950	4800 元/t（1.63kg/t）
4	8 位模块式信息插座双口	暗装距地 0.3m	个	120	35 元/个
5	接地母线敷设 −40×4	等电位联结，户内安装	m	530	6.68 元/m

问题： 依据上述条件，计算该部分工程造价及工程直接费。

解：（1）分部分项工程工程量清单综合单价分析表见表 5-34。

表 5-34　分部分项工程工程量清单综合单价分析表

序号	定额编号	项目名称规格	单位	数量	基价单价/元	人工费/元	机械费/元	主材费/元	基价合价/元	人工费/元	机械费/元	主材费/元
1	12-114	成套电话组线箱（100 对）	台	8	50.27+2300 =2350.27	45.2	2.37	2300	18802.16	361.6	18.96	18400
2	12-1	超五类 4 对双绞线 UTP5	100m	38.5	374.61+306 =374.61	56.4	10.64	102×3=306	14422.49	2171.4	409.64	11781

（续）

序号	定额编号	项目名称规格	单位	数量	基价单价/元	其中 人工费/元	其中 机械费/元	其中 主材费/元	基价合价/元	其中 人工费/元	其中 机械费/元	其中 主材费/元
3	12-21	双孔信息插座	个	120	4.4 + 35.35 = 39.75	4.4	—	1.01×35 = 35.35	4770	528	—	4242
4	2-1020	钢管暗配 SC20	100m	9.5	343.61 + 805.87 = 1149.48	255.6	41.46	103×1.63× 4.8 = 805.87	10920.06	2428.2	393.87	7655.77
5	2-709	户内接地母线 −40×4	10m	53	89.52 + 70.14 = 159.66	49.6	13.03	10.5×6.68 = 70.14	8461.98	2628.8	690.59	3717.42
6	—	小计	—	—	—	—	—	—	57376.69	8118	1513.06	45796.19

（2）措施项目计算表见表5-35。

表5-35　措施项目计算表

序号	定额编号	措施项目名称	计算基数	基价 (%)	其中 人工费 (%)	其中 机械费 (%)	合价/元	其中 人工费/元	其中 机械费/元
1	—	直接工程费的人工费、机械费之和	8118 + 1513.06 = 9631.06	—	—	—	—	—	—
2	2-1877 12-1112	超高费（9层以下）	9631.06	7.56%	0.84%	6.72%	728.11	80.9	647.21
3	2-1896 12-1131	检验试验配合费	9631.06	1.07%	0.43%	0	103.05	41.41	0
4	—	含可竞争措施费的人工费、机械费之和	9631.06 + 80.9 + 647.21 = 10359.17	—	—	—	—	—	—
5	2-1906 12-1140	安全防护、文明施工费	10359.17	9.24%	2.5%	0.92%	957.19	258.98	95.3
6	—	措施费合计	—	—	—	—	728.11 + 103.05 + 957.19 = 1788.35	80.9 + 41.41 + 258.98 = 381.29	647.21 + 95.3 = 742.51
7	—	直接费合计	—	—	—	—	57376.69 + 1788.35 = 59165.04	8118 + 381.29 = 8499.29	1513.06 + 742.51 = 2255.57

第六章　安装工程定额计价

第一节　工程定额计价基础知识

一、工程定额的概念

工程定额是在合理的劳动组织和合理地使用材料与机械的条件下，完成一定计量单位合格建筑产品所消耗资源的数量标准。工程定额是一个综合概念，是建设工程造价计价和管理中各类定额的总称。

二、工程定额的分类

1. 按定额反映的生产要素消耗内容分类

按定额反映的生产要素消耗内容可以把工程定额划分为劳动消耗定额、机械消耗定额和材料消耗定额三种，如图6-1所示。

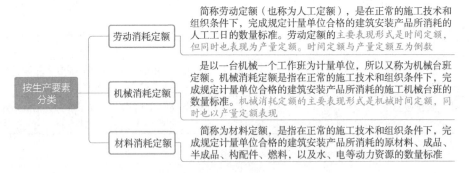

图6-1　按生产要素分类

2. 按定额的用途分类

按定额的用途可以把工程定额分为施工定额、预算定额、概算定额、概算指标、投资估算指标五种，如图6-2所示。

3. 按适用范围分类

按适用范围可把工程定额分为全国通用定额、行业通用定额和专业专用定额三种，如图6-3所示。

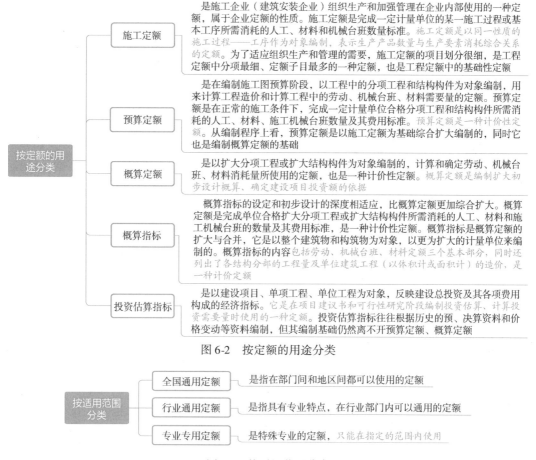

图 6-2　按定额的用途分类

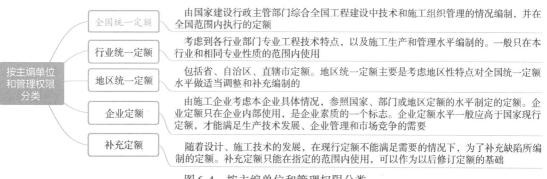

图 6-3　按适用范围分类

4. 按主编单位和管理权限分类

按主编单位和管理权限可以把工程定额分为全国统一定额、行业统一定额、地区统一定额、企业定额、补充定额五种，如图 6-4 所示。

图 6-4　按主编单位和管理权限分类

三、工程定额的特点

工程定额的特点主要表现在多个方面，如图 6-5 所示。

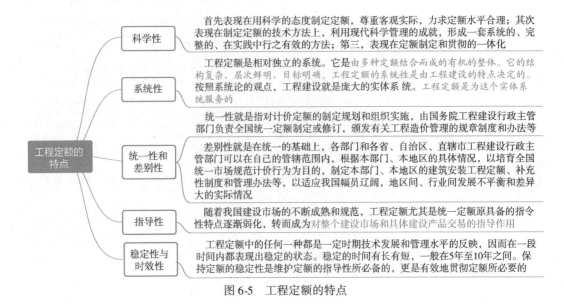

图6-5　工程定额的特点

四、工程定额计价的基本程序

以预算定额单价法确定工程造价，是我国采用的一种与计划经济相适应的工程造价管理制度。工程定额计价模式实际上是国家通过颁布统一的计价定额或指标，对建筑产品价格进行有计划的管理。国家以假定的建筑安装产品为对象，制定统一的预算和概算定额，计算出每一单元子项的费用后，再综合形成整个工程的价格。工程计价的基本程序如图6-6所示。

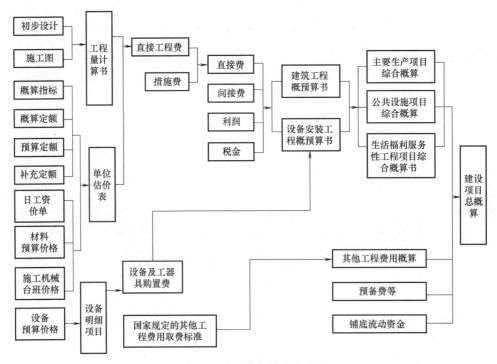

图6-6　工程计价的基本程序

从图 6-6 中可以看出，编制建设工程造价最基本的过程有两个：工程量计算和工程计价。为统一口径，工程量的计算均按照统一的项目划分和工程量计算规则计算。工程量确定以后，就可以按照一定的方法确定出工程的成本及盈利，最终就可以确定出工程预算造价（或投标报价）。定额计价方法的特点就是量与价的结合。概预算的单位价格的形成过程，就是依据概预算定额所确定的消耗量乘以定额单价或市场价，经过不同层次的计算达到量与价的最优结合过程。

可以确定建筑产品价格定额计价的基本方法和程序，还可以用公式表示如下：

1）每一计量单位建筑产品的基本构造要素（假定建筑产品）的直接工程费单价 = 人工费 + 材料费 + 施工机械使用费

其中：人工费 = $\sum$（工日消耗量 × 日工资单价）

材料费 = $\sum$（材料用量 × 材料单价）

机械使用费 = $\sum$（机械台班用量 × 机械台班单价）

2）单位工程直接费 = $\sum$（假定建筑产品工程量 × 直接工程费单价）+ 措施费

3）单位工程概预算造价 = 单位工程直接费 + 间接费 + 利润 + 税金

4）单项工程概预算造价 = $\sum$ 单位工程概预算造价 + 设备、工器具购置费

5）建设项目全部工程概预算造价 = $\sum$ 单项工程的概预算造价 + 预备费 + 有关的其他费用

第二节 工程预算定额的组成和应用

一、预算定额的组成

预算定额的组成如图 6-7 所示。

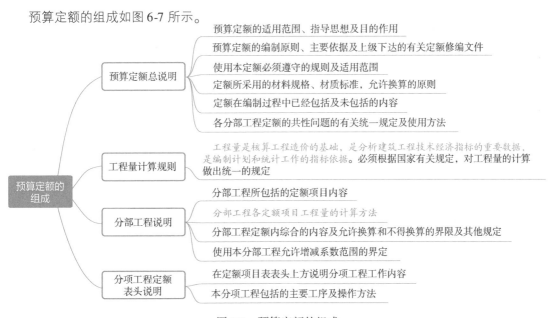

图 6-7 预算定额的组成

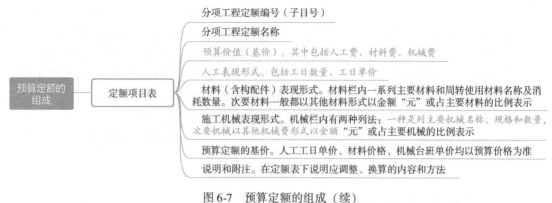

图 6-7　预算定额的组成（续）

二、预算定额的应用

1. 定额直接套用

1）在实际施工内容与定额内容完全一致的情况下，定额可以直接套用。

2）套用预算定额的注意事项，如图 6-8 所示。

图 6-8　套用预算定额的注意事项

2. 定额的换算

在实际施工内容与定额内容不完全一致的情况下，并且定额规定必须进行调整时需看清楚说明及备注，定额必须换算，使换算以后的内容与实际施工内容完全一致。在子目定额编号的尾部加一"换"字。

$$换算后的定额基价 = 原定额基价 + 调整费用（换入的费用 - 换出的费用）$$
$$= 原定额基价 + 调整费用（增加的费用 - 扣除的费用）$$

3. 换算的类型

换算的类型有价差换算、量差换算、量价差混合换算、乘系数等其他换算。

第三节　工程预算定额的编制

一、预算定额的编制原则

为保证预算定额的质量，充分发挥预算定额的作用，使之在实际使用中简便、合理、有效，在编制工作中应遵循以下原则，如图6-9所示。

图中：

应遵循的原则
- 简明适用的原则：简明适用，一是指在编制预算定额时，对于那些主要的、常用的、价值量大的项目，分项工程划分宜细；次要的、不常用的、价值量相对较小的项目则可以粗一些。二是指预算定额要项目齐全。要注意补充那些因采用新技术、新结构、新材料而出现的新的定额项目。如果项目不全，缺项多，就会使计价工作缺少充足的可靠的依据。三是要求合理确定预算定额的计算单位，简化工程量的计算，尽可能地避免同一种材料用不同的计量单位和一量多用，尽量减少定额附注和换算系数
- 按社会平均水平确定预算定额的原则：预算定额是确定和控制建筑安装工程造价的主要依据。因此，它必须遵照价值规律的客观要求，即按生产过程中所消耗的社会必要劳动时间确定定额水平。所以预算定额的平均水平，是在正常的施工条件下，合理的施工组织和工艺条件、平均劳动熟练程度和劳动强度下，完成单位分项工程基本构造要素所需要的劳动时间

图6-9　应遵循的原则

二、预算定额的编制依据

预算定额的编制依据如图6-10所示。

预算定额的编制依据
- 现行劳动定额和施工定额。预算定额是在现行劳动定额和施工定额的基础上编制的。预算定额中人工、材料、机械台班消耗水平，需要根据劳动定额或施工定额取定；预算定额的计量单位的选择，也要以施工定额为参考，从而保证两者的协调和可比性，减轻预算定额的编制工作量，缩短编制时间
- 现行设计规范、施工及验收规范、质量评定标准和安全操作规程
- 具有代表性的典型工程施工图及有关标准图。对这些图样进行仔细分析研究，并计算出工程数量，作为编制定额时选择施工方法确定定额含量的依据
- 新技术、新结构、新材料和先进的施工方法等。这类资料是调整定额水平和增加新的定额项目所必需的依据
- 有关科学实验、技术测定和统计、经验资料。这类工程是确定定额水平的重要依据
- 现行的预算定额、材料预算价格及有关文件规定等。包括过去定额编制过程中积累的基础资料，也是编制预算定额的依据和参考

图6-10　预算定额的编制依据

三、预算定额的编制程序及要求

预算定额的编制大致可以分为准备工作、收集资料、编制定额、报批和修改定稿五个阶段。

各阶段工作相互有交叉，有些工作还有多次反复。其中，预算定额编制阶段的主要工作如图 6-11 所示。

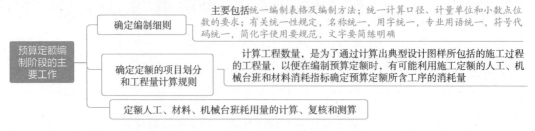

图 6-11 预算定额编制阶段的主要工作

四、预算定额消耗量的编制方法

（1）预算定额中人工工日消耗量的计算　人工的工日数分为两种确定方法。其一是以劳动定额为基础确定；其二是以现场观察测定资料为基础计算，主要用于遇到劳动定额缺项时，采用现场工作日写实等测时方法测定和计算定额的人工耗用量。

预算定额中人工工日消耗量是指在正常施工条件下，生产单位合格产品所必须消耗的人工工日数量，是由分项工程所综合的各个工序劳动定额包括的基本用工、其他用工两部分组成的。

1）基本用工。基本用工是指完成一定计量单位的分项工程或结构构件的各项工作过程的施工任务所必须消耗的技术工种用工。按技术工种相应劳动定额工时定额计算，以不同工种列出定额工日。基本用工包括：

① 完成定额计量单位的主要用工。按综合取定的工程量和相应劳动定额进行计算。计算公式如下：

$$基本用工 = \sum (综合取定的工程量 \times 劳动定额)$$

② 按劳动定额规定应增（减）计算的用工量。

2）其他用工。

① 超运距用工。超运距是指劳动定额中已包括的材料、半成品场内水平搬运距离与预算定额所考虑的现场材料、半成品堆放地点到操作地点的水平运输距离之差。计算公式如下：

$$超运距 = 预算定额取定运距 - 劳动定额已包括的运距$$

$$超运距用工 = \sum (超运距材料数量 \times 时间定额)$$

需要指出，实际工程现场运距超过预算定额取定运距时，可另行计算现场二次搬运费。

② 辅助用工。辅助用工是指技术工种劳动定额内不包括而在预算定额内又必须考虑的用工，如机械土方工程配合用工、材料加工（筛砂、洗石、淋化石膏）、电焊点火用工等。计算公式如下：

$$辅助用工 = \sum (材料加工数量 \times 相应的加工劳动定额)$$

③ 人工幅度差。人工幅度差即预算定额与劳动定额的差额，主要是指在劳动定额中未包括而在正常施工情况下不可避免但又很难准确计量的用工和各种工时损失。内容包括各工种间的工序搭接及交叉作业相互配合或影响所发生的停歇用工；施工机械在单位工程之间转移及临时水电线路移动所造成的停工；质量检查和隐蔽工程验收工作的影响；班组操作地点转移用工；工序交接时对前一工序不可避免的修整用工；施工中不可避免的其他零星用工。

人工幅度差计算公式如下:

人工幅度差 = (基本用工 + 辅助用工 + 超运距用工) × 人工幅度差系数

人工幅度差系数一般为 10 % ~ 15 %。在预算定额中,人工幅度差的用工量列入其他用工量中。

(2) 预算定额中材料消耗量的计算　材料消耗量计算方法如图 6-12 所示。

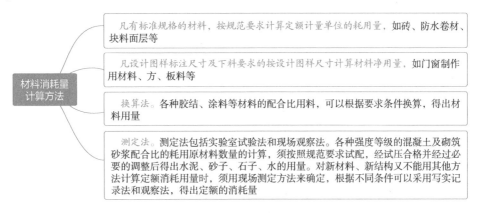

图 6-12　材料消耗量计算方法

材料损耗量是指在正常条件下不可避免的材料损耗,如现场内材料运输及施工操作过程中的损耗等。其关系式如下:

$$材料损耗率 = (损耗量/净用量) × 100 \%$$
$$材料损耗量 = 材料净用量 × 损耗率(\%)$$
$$材料消耗量 = 材料净用量 + 损耗量$$

或　　　　　　　$$材料消耗量 = 材料净用量 × [1 + 损耗率(\%)]$$

(3) 预算定额中机械台班消耗量的计算　预算定额中的机械台班消耗量是指在正常施工条件下,生产单位合格产品 (分部分项工程或结构构件) 必须消耗的某种型号施工机械的台班数量。

1) 根据施工定额确定机械台班消耗量的计算。这种方法是指用施工定额中机械台班产量加机械台班幅度差计算预算定额的机械台班消耗量。

机械台班幅度差是指在施工定额中所规定的范围内没有包括,而在实际施工中又不可避免产生的影响机械或使机械停歇的时间。其内容如下:

① 施工机械转移工作面及配套机械相互影响损失的时间。

② 在正常施工条件下,机械在施工中不可避免的工序间歇。

③ 工程开工或收尾时工作量不饱满所损失的时间。

④ 检查工程质量影响机械操作的时间。

⑤ 临时停机、停电影响机械操作的时间。

⑥ 机械维修引起的停歇时间。

大型机械幅度差系数为:土方机械 25 %,打桩机械 33 %,吊装机械 30 %。砂浆、混凝土搅拌机由于按小组配用,以小组产量计算机械台班产量,不另增加机械幅度差。其他分部工程中如钢筋加工、木材、水磨石等各项专用机械的幅度差为 10 %。

综上所述,预算定额的机械台班消耗量按下式计算:

$$预算定额机械耗用台班 = 施工定额机械耗用台班 × (1 + 机械幅度差系数)$$

2）以现场测定资料为基础确定机械台班消耗量。如遇到施工定额缺项者，则需要依据单位时间完成的产量测定。

第四节　企业定额

一、企业定额的概念

企业定额是指施工企业根据本企业的施工技术和管理水平，编制完成单位合格产品所需要的人工、材料和施工机械台班的消耗量，以及其他生产经营要素消耗的数量标准。

二、企业定额的编制目的和意义

如图6-13所示，企业定额的编制目的和意义可分为四种。

图6-13　企业定额的编制目的和意义

三、企业定额的作用

企业定额只能在企业内部使用，其作用如图6-14所示。

图6-14　企业定额的作用

四、企业定额的编制

1. 编制方法

（1）现场观察测定法　我国多年来专业测定定额的常用方法是现场观察测定法。它以研究工时消耗为对象，以观察测时为手段，通过密集抽样和粗放抽样等技术进行直接的时间研究，确定人工消耗和机械台班定额水平。

现场观察测定法的特点是能够把现场工时消耗情况与施工组织技术条件联系起来加以观察、测时、计量和分析，以获得该施工过程的技术组织条件和工时消耗的有技术依据的基础资料。它不但能为制定定额提供基础数据，而且也能为改善施工组织管理、改善工艺过程和操作方法、消除不合理的工时损失和进一步挖掘生产潜力提供依据。这种方法技术简便、应用面广、资料全面，适用影响工程造价大的主要项目及新技术、新工艺、新施工方法的劳动力消耗和机械台班水平的测定。

（2）经验统计法　经验统计法是运用抽样统计的方法，从以往类似工程施工的竣工结算资料和典型设计图样资料及成本核算资料中抽取若干个项目的资料，进行分析和测算的方法。

经验统计法的特点是积累过程长、统计分析细致，使用时简单易行、方便快捷；缺点是模型中考虑的因素有限，而工程实际情况则要复杂得多，对各种变化情况的需要不能一一适应，准确性也不够。

2. 编制依据

企业定额的编制依据如图 6-15 所示。

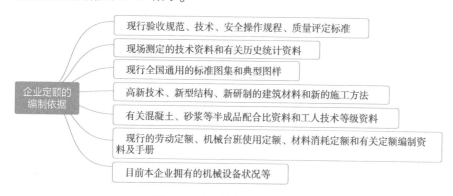

图 6-15　企业定额的编制依据

第七章　安装工程清单计价

第一节　工程量清单基础知识

一、工程量清单的定义

工程量清单是表现拟建工程的分部分项工程项目、措施项目、其他项目名称和相应数量的明细清单，包括分部分项工程工程量清单、措施项目清单、其他项目清单、规费项目清单和税金项目清单。

二、工程量清单的组成

1. 分部分项工程工程量清单

分部分项工程工程量清单应表明拟建工程的全部分项实体工程名称和相应数量。编制时应避免错项、漏项。分部分项工程工程量清单的内容应满足规范管理、方便管理的要求和计价行为的要求。为此，《通用安装工程工程量计算规范》（GB 50856—2013）对分部分项工程工程量清单的编制做出了规定：工程量清单应根据相关规定的项目编码、项目名称、项目特征、计量单位和工程量计算规则进行编制，并按"四个统一"的规定执行。"四个统一"为项目编码统一、项目名称统一、计量单位统一、工程量计算规则统一。招标人必须按该规定执行，不得因情况不同而变动。

（1）项目编码　项目编码是分部分项工程和措施项目清单名称的阿拉伯数字标志。分部分项工程工程量清单项目编码以五级编码设置，用十二位阿拉伯数字表示。一、二、三、四级编码为全国统一，即一至九位应按计价规范附录的规定设置；第五级即十至十二位为清单项目编码，应根据拟建工程的工程量清单项目名称设置，不得有重号，这三位清单项目编码由招标人针对招标工程项目具体编制，并应自001起顺序编制。各级编码代表的含义如下：

第一级表示工程分类顺序码（分两位）。

第二级表示专业工程顺序码（分两位）。

第三级表示分部工程顺序码（分两位）。

第四级表示分项工程项目名称顺序码（分三位）。

第五级表示工程量清单项目名称顺序码（分三位）。

工程量清单项目编码结构如图 7-1 所示。

当同一标段（或合同段）的一份工程量清单中含有多个单位工程且工程量清单是以单位工程为编制对象时，在编制工程量清单时应特别注意对项目编码十至十二位的设置不得有重码的规定。

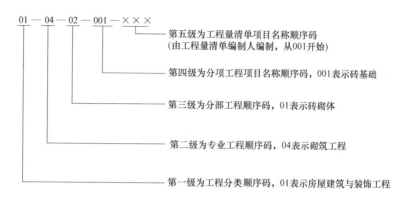

图 7-1　工程量清单项目编码结构

（2）项目名称　分部分项工程工程量清单的项目名称应按各专业工程计量规范附录的项目名称结合拟建工程的实际确定。附录表中的"项目名称"为分项工程项目名称，是形成分部分项工程工程量清单项目名称的基础。即在编制分部分项工程工程量清单时，以附录中的分项工程项目名称为基础，考虑该项目的规格、型号、材质等特征要求，结合拟建工程的实际情况，使其工程量清单项目名称具体化、细化，以反映影响工程造价的主要因素。清单项目名称应表达详细、准确，各专业工程计量规范中的分项工程项目名称如有缺陷，招标人可做补充，并报当地工程造价管理机构（省级）备案。

（3）项目特征　项目特征是构成分部分项工程项目、措施项目自身价值的本质特征。项目特征是对项目的准确描述，是确定一个清单项目综合单价不可缺少的重要依据，是区分清单项目的依据，是履行合同义务的基础。分部分项工程工程量清单的项目特征应按各专业工程计量规范附录中规定的项目特征，结合技术规范、标准图集、施工图，按照工程结构、使用材质及规格或安装位置等，予以详细而准确地表述和说明。凡项目特征中未描述到的其他独有特征，由清单编制人视项目具体情况确定，以准确描述清单项目为准。

在各专业工程计量规范附录中还有关于各清单项目"工作内容"的描述。工作内容是指完成清单项目可能发生的具体工作和操作程序，但应注意的是，在编制分部分项工程工程量清单时，工作内容通常无须描述，因为在计价规范中，工程量清单项目与工程量计算规则、工作内容有一一对应关系，当采用计价规范这一标准时，工作内容均有规定。

（4）计量单位　计量单位应采用基本单位，除各专业另有特殊规定外均按以下单位计量：

1）以质量计算的项目——吨或千克（t 或 kg）。

2）以体积计算的项目——立方米（m^3）。

3）以面积计算的项目——平方米（m^2）。

4）以长度计算的项目——米（m）。

5）以自然计量单位计算的项目——个、套、块、樘、组、台等。

6）没有具体数量的项目——宗、项等。

各专业有特殊计量单位的，另外加以说明。当计量单位有两个或两个以上时，应根据所编工程量清单项目的特征要求，选择最适宜表现该项目特征并方便计量的单位。

计量单位的有效位数应遵守下列规定：以"t"为单位，应保留小数点后三位数字，第四位小数四舍五入；以"m""m^2""m^3""kg"为单位，应保留小数点后两位数字，第三位小数四舍五入；以"个""件""根""组""系统"等为单位，应取整数。

（5）工程数量的计算　工程数量主要通过工程量计算规则计算得到。工程量计算规则是指对清单项目工程量的计算规定。除另有说明外，所有清单项目的工程量应以实体工程量为准，并以完成后的净值计算；投标人投标报价时，应在单价中考虑施工中的各种损耗和需要增加的工程量。

根据工程量清单计价与计量规范的规定，工程量计算规则可以分为房屋建筑与装饰工程、仿古建筑工程、通用安装工程、市政工程、园林绿化工程、矿山工程、构筑物工程、城市轨道交通工程、爆破工程九大类。

以安装工程为例，其计算规范中规定的实体项目包括机械设备安装工程，热力设备安装工程，静置设备与工艺金属结构制作安装工程，电气设备安装工程，建筑智能化工程，自动化控制仪表安装工程，通风空调工程，工业管道工程，消防工程，给水排水、采暖、燃气工程，通信设备及线路工程，刷油、防腐剂、绝热工程，措施项目等，分别制定了它们的项目设置和工程量计算规则。

随着工程建设中新材料、新技术、新工艺等的不断涌现，计算规范附录所列的工程量清单项目不可能包含所有项目。在编制工程量清单时，当出现计量规范附录中未包括的清单项目时，编制人应做补充。

编制补充项目应注意的问题如图7-2所示。

图7-2　编制补充项目应注意的问题

2. 措施项目清单

（1）措施项目列项　措施项目是指为完成工程项目施工，发生于该工程施工准备和施工过程中的技术、生活、安全、环境保护等方面的项目。

措施项目清单应根据相关工程现行国家计量规范的规定编制，并应根据拟建工程的实际情况列项。例如，《通用安装工程工程量计算规范》（GB 50856—2013）中规定的措施项目包括专业措施项目、安全文明施工及其他措施项目、相关问题及说明。

（2）措施项目清单的格式

1）措施项目清单的类别。措施项目费用的发生与使用时间、施工方法或者两个以上的工序相关，并大都与实际完成的实体工程量的大小关系不大，如安全文明施工，夜间施工，非夜间施工照明，二次搬运，冬雨期施工，地上、地下设施、建筑物的临时保护设施，已完工程及设备保护等。但是有些非实体项目则是可以计算工程量的项目，如脚手架工程，混凝土模板及支架（撑），垂直运输，超高施工增加，大型机械设备进出场及安拆，施工排水、降水等，与完成的工程实体具有直接关系，并且是可以精确计量的项目，用分部分项工程工程量清单的方式采用综合单价，更有利于措施费的确定和调整。措施项目中不能计算工程量的项目清单，以"项"为计量单位进行编制；可以计算工程量的项目清单宜采用分部分项工程工程量清单的方式编制，列出项目编码、项目名称、项目特征、计量单位和工程量计算规则。

2）措施项目清单的编制。措施项目清单应根据拟建工程的实际情况列项，需考虑多种因素，除工程本身的因素外，还涉及水文、气象、坏境、安全等因素。若出现清单计价规范中未列的项目，可根据工程实际情况补充。

措施项目清单的编制依据如图7-3所示。

3. 其他项目清单

其他项目清单是指分部分项工程工程量清单、措施项目清单所包含的内容以外，因招标人的特殊要求而发生的与拟建工程有关的其他费用项目和相应数量的清单。工程建设标准的高低、工程的复杂程度、工程的工期长短、工程的组成内容、发包人对工程管理要求等都直接影响其他项目清单的具体内容。

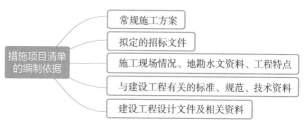

图7-3 措施项目清单的编制依据

其他项目清单的组成如图7-4所示。

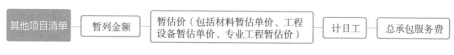

图7-4 其他项目清单的组成

（1）暂列金额 暂列金额是指招标人在工程量清单中暂定并包括在合同价款中的一笔款项。用于工程合同签订时尚未确定或者不可预见的所需材料、工程设备、服务的采购，施工中可能发生的工程变更、合同约定调整因素出现时的合同价款调整，以及发生的索赔、现场签证确认等的费用。不管采用何种合同形式，其理想的标准是，一份合同的价格就是其最终的竣工结算价格，或者至少两者应尽可能接近。

（2）暂估价 暂估价是指招标人在工程量清单中提供的用于支付必然发生但暂时不能确定价格的材料、工程设备的单价以及专业工程的金额，包括材料暂估单价、工程设备暂估单价和专业工程暂估价。暂估价类似于 FIDIC 合同条款中的 Prime Cost Items，在招标阶段预见肯定要发生，只是因为标准不明确或者需要由专业承包人完成，暂时无法确定价格。暂估价数量和拟用项目应当结合工程量清单中的"暂估价表"予以补充说明。为方便合同管理，需要纳入分部分项工程工程量清单项目综合单价中的暂估价应只是材料、工程设备暂估单价，以方便投标人组价。

暂估价中的材料、工程设备暂估单价应根据工程造价信息或参照市场价格估算，列出明细表；专业工程暂估价应分不同专业，按有关计价规定估算，列出明细表。

（3）计日工 计日工是指在施工过程中，承包人完成发包人提出的工程合同范围以外的零星项目或工作，按合同中约定的单价计价的一种方式。计日工是为了解决现场发生的零星工作的计价而设立的。国际上常见的标准合同条款中，大多数都设立了计日工（Daywork）计价机制。计日工对完成零星工作所消耗的人工工时、材料数量、施工机械台班进行计量，并按照计日工表中填报的适用项目的单价进行计价支付。计日工适用的所谓零星项目或工作一般是指合同约定之外的或者因变更而产生的、工程量清单中没有相应项目的额外工作，尤其是那些难以事先商定价格的额外工作。

（4）总承包服务费 总承包服务费是指总承包人为配合协调发包人进行的专业工程发包，对发包人自行采购的材料、工程设备等进行保管以及施工现场管理、竣工资料汇总整理等服务所需的费用。招标人应预计该项费用并按投标人的投标报价向投标人支付该项费用。

4. 规费、税金项目清单

1）规费项目清单的组成如图7-5所示。

2）税金项目清单的组成如图7-6所示。

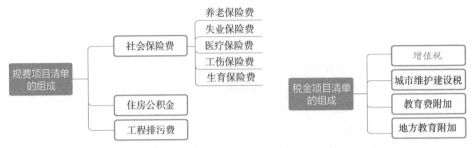

图7-5　规费项目清单的组成　　　　图7-6　税金项目清单的组成

注：出现计价规范未列的项目，应根据税务部门的规定列项。

三、工程量清单计价程序

工程量清单计价的过程可以分为两个阶段，即工程量清单编制和工程量清单应用，如图7-7和图7-8所示。

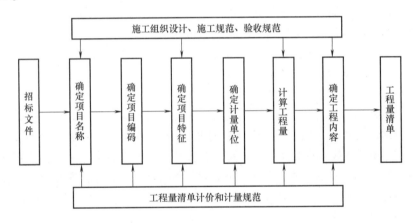

图7-7　工程量清单编制程序

工程量清单计价的基本原理可以描述为：按照工程量清单计价规范规定，在各相应专业工程计量规范规定的工程量清单项目设置和工程量计算规则基础上，针对具体工程的施工图和施工组织设计计算出各个清单项目的工程量，根据规定的方法计算出综合单价，并汇总各清单合价得出工程总价。

1）分部分项工程费 = Σ（分部分项工程量×相应分部分

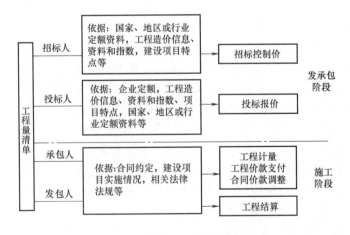

图7-8　工程量清单应用程序

项综合单价)

2) 措施项目费 = ∑ 各措施项目费

3) 其他项目费 = 暂列金额 + 暂估价 + 计日工 + 总承包服务费

4) 单位工程报价 = 分部分项工程费 + 措施项目费 + 其他项目费 + 规费 + 税金

5) 单项工程报价 = ∑ 单位工程报价

6) 建设项目总报价 = ∑ 单项工程报价

公式中，综合单价是指完成一个规定清单项目所需的人工费、材料和工程设备费、施工机具使用费和企业管理费、利润，以及一定范围内的风险费用。风险费用是隐含于已标价工程量清单综合单价中，用于化解发承包双方在工程合同中约定内容和范围内的市场价格波动风险的费用。

工程量清单计价活动涵盖施工招标、合同管理，以及竣工交付全过程，主要包括编制招标工程量清单、最高投标限价、投标报价，确定合同价，进行工程计量与价款支付、合同价款的调整、工程结算和工程计价纠纷处理等活动。

第二节　工程量清单的编制

一、工程量清单的编制原则

工程量清单的编制原则如图 7-9 所示。

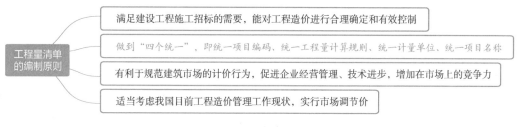

图 7-9　工程量清单的编制原则

二、工程量清单的编制依据

工程量清单的编制依据如图 7-10 所示。

图 7-10　工程量清单的编制依据

第三节　工程量清单计价

一、工程量清单计价的概念

工程量清单计价是指投标人按照招标文件的规定，根据工程量清单所列项目，参照工程量清单计价依据计算的全部费用。

二、工程量清单计价的适用范围

计价规范适用于建设工程发承包及其实施阶段的计价活动。使用国有资金投资的建设工程发承包，必须采用工程量清单计价；非国有资金投资的建设工程，宜采用工程量清单计价；不采用工程量清单计价的建设工程，应执行计价规范中除工程量清单等专门性规定外的其他规定。

三、工程量清单计价的作用

工程量清单计价的作用如图 7-11 所示。

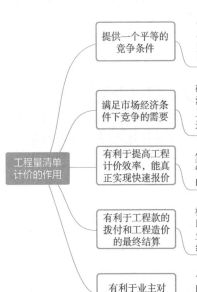

图 7-11　工程量清单计价的作用

四、安装工程费用的计取

1. 安装工程费用的含义

安装工程费用是指主要生产、辅助生产、公用等单项工程中需要安装的工艺、电气、自动控制、运输、供热、制冷等设备、装置的安装工程费；各种工艺、管道安装及衬里、防腐、保温等工程费；供电、通信、自动控制等管线缆的安装工程费。

2. 安装工程费用的组成

安装工程费用的组成如图 7-12 所示。

（1）直接费

1）直接工程费。直接工程费是指施工过程中耗费的直接构成工程实体的各项费用，包括人工费、材料费、施工机械使用费。

① 人工费。建筑安装工程费中的人工费是指支付给直接从事建筑安装工程施工作业的生产工人的各项费用。构成人工费的基本要素有两个，即人工工日消耗量和人工日工资单价，如图 7-13 所示。

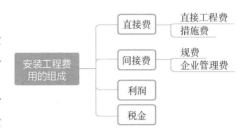

图 7-12　安装工程费用的组成

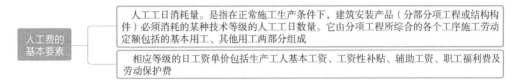

图 7-13　人工费的基本要素

② 材料费。建筑安装工程费中的材料费是指工程施工过程中耗费的各种原材料、半成品、构配件、工程设备等的费用，以及周转材料等的摊销、租赁费用。构成材料费的基本要素是材料消耗量、材料单价和检验试验费，如图 7-14 所示。

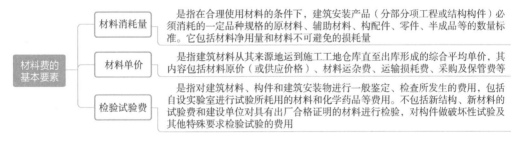

图 7-14　材料费的基本要素

③ 施工机械使用费。建筑安装工程费中的施工机械使用费是指施工机械作业发生的使用费或租赁费。构成施工机械使用费的基本要素是施工机械台班消耗量和机械台班单价，如图 7-15 所示。

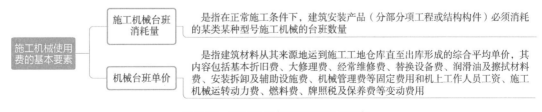

图 7-15　施工机械使用费的基本要素

2）措施费。措施费是指实际施工中必须发生的施工准备和施工过程中技术、生活、安全、环境保护等方面的非工程实体项目的费用。所谓非工程实体项目是指其费用的发生和金额的大小与使用时间、施工方法或者两个以上工序相关，并且不形成最终的实体工程，如大型机械设备进出场及安拆、文明施工和安全防护、临时设施等。措施费项目的构成需考虑多种因素，除工程本身的因素外，还涉及水文、气象、环境、安全等因素。

（2）间接费

1）规费。规费是指政府和有关权力部门规定必须缴纳的费用（简称规费）。它包括：

① 工程排污费。工程排污费是指施工现场按规定缴纳的工程排污费。

② 社会保险费。社会保险费包括：

a. 养老保险费：企业按规定标准为职工缴纳的基本养老保险费。

b. 失业保险费：企业按照国家规定标准为职工缴纳的失业保险费。

c. 医疗保险费：企业按照规定标准为职工缴纳的基本医疗保险费。

d. 工伤保险费：企业按照国务院制定的行业费率为职工缴纳的工伤保险费。

e. 生育保险费：企业按照国家规定为职工缴纳的生育保险费。

③ 住房公积金。企业按规定标准为职工缴纳的住房公积金。

2）企业管理费。企业管理费是指施工单位为组织施工生产和经营管理所发生的费用。企业管理费的组成如图7-16所示。

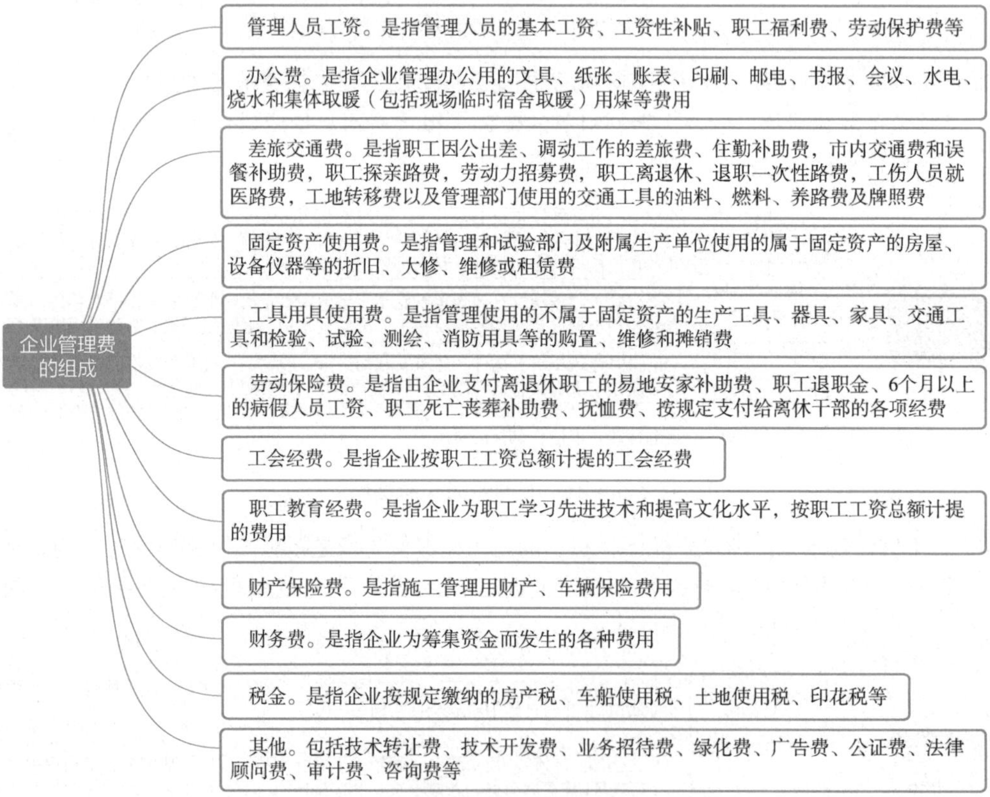

图7-16　企业管理费的组成

管理人员工资。是指管理人员的基本工资、工资性补贴、职工福利费、劳动保护费等

办公费。是指企业管理办公用的文具、纸张、账表、印刷、邮电、书报、会议、水电、烧水和集体取暖（包括现场临时宿舍取暖）用煤等费用

差旅交通费。是指职工因公出差、调动工作的差旅费、住勤补助费，市内交通费和误餐补助费，职工探亲路费，劳动力招募费，职工离退休、退职一次性路费，工伤人员就医路费，工地转移费以及管理部门使用的交通工具的油料、燃料、养路费及牌照费

固定资产使用费。是指管理和试验部门及附属生产单位使用的属于固定资产的房屋、设备仪器等的折旧、大修、维修或租赁费

工具用具使用费。是指管理使用的不属于固定资产的生产工具、器具、家具、交通工具和检验、试验、测绘、消防用具等的购置、维修和摊销费

劳动保险费。是指由企业支付离退休职工的易地安家补助费、职工退职金、6个月以上的病假人员工资、职工死亡丧葬补助费、抚恤费、按规定支付给离休干部的各项经费

工会经费。是指企业按职工工资总额计提的工会经费

职工教育经费。是指企业为职工学习先进技术和提高文化水平，按职工工资总额计提的费用

财产保险费。是指施工管理用财产、车辆保险费用

财务费。是指企业为筹集资金而发生的各种费用

税金。是指企业按规定缴纳的房产税、车船使用税、土地使用税、印花税等

其他。包括技术转让费、技术开发费、业务招待费、绿化费、广告费、公证费、法律顾问费、审计费、咨询费等

（3）利润　利润是指施工企业完成所承包工程获得的盈利。

（4）税金　建筑安装工程税金是指国家税法规定的应计入建筑安装工程费用的增值税、城市维护建设税、教育费附加及地方教育附加。

1）增值税。增值税是以商品（含应税劳务）在流转过程中产生的增值额作为计税依据而征收的一种流转税。

增值税的计税方法，包括一般计税方法和简易计税方法。一般纳税人发生应税行为适用一般计税方法计税。小规模纳税人发生应税行为适用简易计税方法计税。

① 采用一般计税方法时增值税的计算。当采用一般计税方法时，建筑业增值税税率为9%。其计算公式为：

$$增值税 = 税前造价 \times 9\%$$

税前造价为人工费、材料费、施工机具使用费、企业管理费、利润和规费之和，各费用项目均以不包含增值税可抵扣进项税额的价格计算。

② 采用简易计税方法时增值税的计算。当采用简易计税方法时，建筑业增值税税率为3%。其计算公式为：

$$增值税 = 税前造价 \times 3\%$$

税前造价为人工费、材料费、施工机具使用费、企业管理费、利润和规费之和，各费用项目均以包含增值税可抵扣进项税额的价格计算。

2）城市维护建设税。城市维护建设税是以纳税人实际缴纳的增值税、消费税的税额为计税依据，依法计征的一种税。从商品生产到消费流转过程中只要发生增值税、消费税当中的一种税，就要以这种税为依据计算缴纳城市维护建设税。

$$应纳税额 = （增值税 + 消费税） \times 适用税率$$

城市维护建设税的纳税所在地为市区的，其适用税率为7%；所在地为县镇的，其适用税率为5%；所在地为农村的，其适用税率为1%。

3）教育费附加。教育费附加是以纳税人实际缴纳的增值税、消费税的税额为计税依据，依法计征的一种税。即使办有职工子弟学校的建筑安装企业，也应当先缴纳教育费附加，教育部门可根据企业的办学情况，酌情返还给办学单位，作为对办学经费的补助。

$$应纳教育费附加 = （实际缴纳的增值税 + 消费税） \times 3\%$$

4）地方教育附加。地方教育附加是以单位和个人实际缴纳的增值税、消费税的税额为计征依据。与增值税、消费税同时计算征收，征收率由各省地方税务机关自行制定。地方教育附加应专项用于发展教育事业，不得从地方教育附加中提取或列支征收（或代征）手续费。

$$地方教育附加 = （增值税 + 消费税） \times 2\%$$

第四节　竣工决算与工程保修

一、安装工程竣工验收

1. 安装工程竣工验收的概念

安装工程竣工验收是指由发包人、承包人和项目验收委员会，以项目批准的设计任务书和设计文件，以及国家或部门颁发的施工验收规范和质量检验标准为依据，按照一定的程序和手续，在项目建成并试生产合格后（工业生产性项目），对工程项目的总体进行检验和认证、综合评价和鉴定的活动。按照我国安装工程程序的规定，竣工验收是安装工程的最后阶段，是安装工程施工阶段和保修阶段的中间过程，是全面检验安装工程是否符合设计要求和工程质量检验标准的重要环节，是审查投资使用是否合理的重要环节，是投资成果转入生产或使用的标志。只有经过竣工验收，安装工程才能实现由承包人管理向发包人管理的过渡，它标志着安装工程投资成果投入生产或使用，对促进安装工程及时投产或交付使用、发挥投资效果、总结安装经验有着重要的作用。

2. 安装工程竣工验收的作用

安装工程竣工验收的作用如图 7-17 所示。

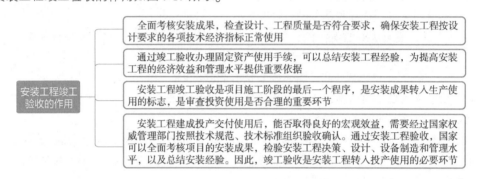

图 7-17　安装工程竣工验收的作用

3. 安装工程竣工验收的任务

安装工程竣工验收的任务如图 7-18 所示。

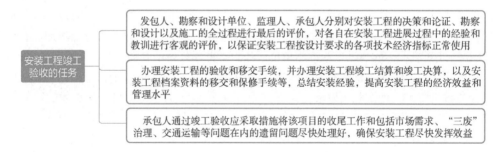

图 7-18　安装工程竣工验收的任务

4. 安装工程竣工验收的范围、条件和依据

（1）竣工验收的范围　国家颁布的建设法规规定，凡新建、扩建、改建的基本建设项目和技术改造项目（所有列入固定资产投资计划的建设项目或单项工程），已按国家批准的设计文件所规定的内容建成，符合验收标准的，必须及时组织验收，办理固定资产移交手续。即工业投资项目经负荷试车考核，试生产期间能够正常生产出合格产品，形成生产能力的，以及非工业投资项目符合设计要求，能够正常使用的，不论是属于哪种安装性质，都应及时组织验收，办理固定资产移交手续。有的工期较长、安装设备装置较多的大型工程，为了及时发挥其经济效益，对其能够独立生产的单项工程，也可以根据建成时间的先后顺序，分期分批地组织竣工验收；对能生产中间产品的一些单项工程，不能提前投料试车，可按生产要求与生产最终产品的工程同步建成竣工后，再进行全部验收。此外对于某些特殊情况，工程施工虽未全部按设计

要求完成，也应进行验收，如图 7-19 所示。

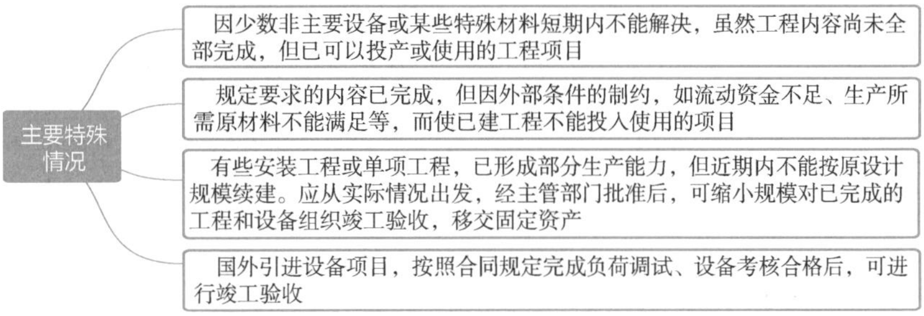

（2）竣工验收的条件

1）完成建设工程设计和合同约定的各项内容，并满足使用要求，具体包括：

① 民用建筑工程完工后，承包人按照施工及验收规范和质量检验标准进行自验，不合格品已自行返修或整改，达到验收标准。

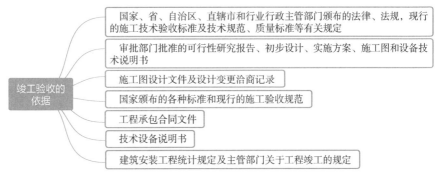

图 7-19 主要特殊情况

主要特殊情况
- 因少数非主要设备或某些特殊材料短期内不能解决，虽然工程内容尚未全部完成，但已可以投产或使用的工程项目
- 规定要求的内容已完成，但因外部条件的制约，如流动资金不足、生产所需原材料不能满足等，而使已建工程不能投入使用的项目
- 有些安装工程或单项工程，已形成部分生产能力，但近期内不能按原设计规模续建。应从实际情况出发，经主管部门批准后，可缩小规模对已完成的工程和设备组织竣工验收，移交固定资产
- 国外引进设备项目，按照合同规定完成负荷调试、设备考核合格后，可进行竣工验收

② 生产性工程、辅助设施及生活设施，按合同约定全部施工完毕，室内工程和室外工程全部完成，建筑物、构筑物周围 2m 以内的场地平整完成，障碍物已清除，给水排水、动力、照明、通信畅通，达到竣工条件。

③ 工业项目的各种管道设备、电气、空调、仪表、通信等专业施工内容已全部安装结束，已做完清洁、试压、油漆、保温等，经过试运转，试运转考核各项指标已达到设计能力并全部符合工业设备安装施工及验收规范和质量标准的要求。

④ 其他专业工程按照合同的规定和施工图规定的工程内容全部施工完毕，已达到相关专业技术标准，质量验收合格，达到了交工的条件。

2）有完整的技术档案和施工管理资料。

3）有工程使用的主要建筑材料、建筑构配件和设备的进场试验报告。

4）有勘察、设计、施工、工程监理等单位分别签署的质量合格文件。

5）发包人已按合同约定支付工程款。

6）有承包人签署的工程质量保修书。

7）在建设行政主管部门及工程质量监督部门等有关部门的历次抽查中，责令整改的问题全部整改完毕。

8）工程项目前期审批手续齐全，主体工程、辅助工程和公用设施已按批准的设计文件要求建成。

9）国外引进项目或设备应按合同要求完成负荷调试考核，并达到规定的各项技术经济指标。

10）建设项目基本符合竣工验收标准，但有部分零星工程和少数尾工未按设计规定的内容全部建成，而且不影响正常生产和使用，也应组织竣工验收。对剩余工程应按设计留足投资。

竣工验收的依据
- 国家、省、自治区、直辖市和行业行政主管部门颁布的法律、法规，现行的施工技术验收标准及技术规范、质量标准等有关规定
- 审批部门批准的可行性研究报告、初步设计、实施方案、施工图和设备技术说明书
- 施工图设计文件及设计变更洽商记录
- 国家颁布的各种标准和现行的施工验收规范
- 工程承包合同文件
- 技术设备说明书
- 建筑安装工程统计规定及主管部门关于工程竣工的规定

图 7-20 竣工验收的依据

（3）竣工验收的依据 竣工验收的依据如图 7-20 所示。

5. 安装工程竣工验收的标准

安装工程竣工验收的标准如图 7-21 所示。

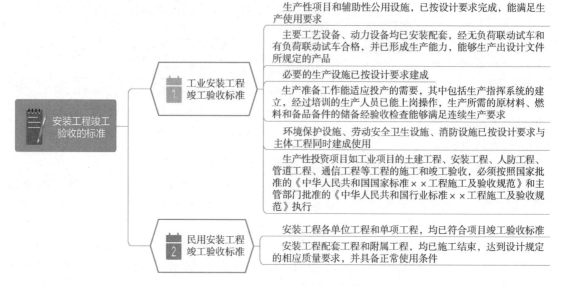

图 7-21 安装工程竣工验收的标准

6. 安装工程竣工验收的方式

安装工程竣工验收的方式可分为单位工程竣工验收、单项工程竣工验收和全部工程竣工验收三种方式。

（1）单位工程竣工验收（又称中间验收） 单位工程竣工验收是承包人以单位工程或某专业工程为对象，独立签订安装工程施工合同，达到竣工条件后，承包人可单独进行交工，发包人根据竣工验收的依据和标准，按施工合同约定的工程内容组织竣工验收。这阶段工作由监理人组织，发包人和承包人派人参加验收工作，单位工程验收资料是最终验收的依据。按照现行安装工程项目划分标准，单位工程是单项工程的组成部分，有独立的施工图，承包人施工完毕，征得发包人同意，或原施工合同已有约定的，可进行分阶段验收。这种验收方式，在一些较大型的、群体式的、技术较复杂的建设工程中应用比较普遍。

（2）单项工程竣工验收（又称交工验收） 单项工程竣工验收是在一个总体建设项目中，一个单项工程已完成设计图规定的工程内容，能满足生产要求或具备使用条件，承包人向监理人提交工程竣工报告和工程竣工报验单，经确认后向发包人发出交付竣工验收通知书，说明工程完工情况、竣工验收准备情况、设备无负荷单机试车情况，具体约定单项工程竣工验收的有关工作。这阶段工作由发包人组织，会同承包人、监理人、设计单位和使用单位等有关部门完成。对于投标竞争承包的单项工程施工项目，则根据施工合同的约定，仍由承包人向发包人发出交工通知书请求组织验收。竣工验收前，承包人要按照国家规定，整理好全部竣工资料并完成现场竣工验收的准备工作，明确提出交工要求。发包人应按约定的程序及时组织正式验收。对于工业设备安装工程的竣工验收，则要根据设备技术规范说明书和单机试车方案，逐级进行设备的试运行。验收合格后应签署设备安装工程的竣工验收报告。

（3）全部工程竣工验收 全部工程竣工验收是安装工程已按设计规定全部建成、达到竣工验收条件，由发包人组织设计、施工、监理等单位和档案部门进行全部工程的竣工验收。全部工程竣工验收一般是在单位工程、单项工程竣工验收的基础上进行的。对已经交付竣工验收的单位工程（中间交工）或单项工程并已办理了移交手续的，原则上不再重复办理验收手续，但应将单位工程或单项工程竣工验收报告作为全部工程竣工验收的附件加以说明。

全部工程竣工验收的主要任务是：负责审查安装工程各个环节的验收情况；听取各有关单位（设计、施工、监理等单位）的工作报告；审阅工程竣工档案资料的情况；对工程进行实地查验并对设计、施工、监理等方面工作和工程质量、试车情况等做出综合全面评价。承包人作为安装工程的承包（施工）主体，应全过程参加有关的工程竣工验收。

7. 安装工程竣工验收的程序

（1）承包人申请交工验收　承包人在完成了合同工程或按合同约定可分部移交工程的，可申请交工验收。交工验收一般为单项工程，但在某些特殊情况下也可以是单位工程的施工内容，如特殊基础处理工程、发电站单机机组完成后的移交等。承包人施工的工程达到竣工条件后，应先进行预检验，对不符合要求的部位和项目，确定修补措施和标准，修补有缺陷的工程部位；对于设备安装工程，要与发包人和监理人共同进行无负荷的单机和联动试车。承包人在完成了上述工作和准备好竣工资料后，即可向发包人提交工程竣工报验单。

（2）监理人现场初步验收　监理人收到工程竣工报验单后，应由总监理工程师组成验收组，对竣工的工程项目的竣工资料和各专业工程的质量进行初验，在初验中发现质量问题，要及时书面通知承包人，令其修理甚至返工。经整改合格后监理工程师签署工程竣工报验单，并向发包人提出质量评估报告，至此现场初步验收工作结束。

（3）单项工程验收　单项工程验收又称交工验收，即验收合格后发包人方可将工程投入使用。由发包人组织的交工验收，由监理人、设计单位、承包人、工程质量监督部门等参加，主要依据国家颁布的有关技术规范和施工承包合同，对以下几方面进行检查或检验，如图7-22所示。

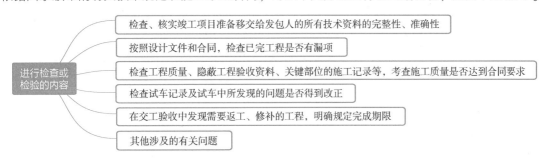

图7-22　进行检查或检验的内容

验收合格后，发包人和承包人共同签署交工验收证书。然后，由发包人将有关技术资料和试车记录、试车报告及交工验收报告一并上报主管部门，经批准后该部分工程即可投入使用。验收合格的单项工程，在全部工程验收时，原则上不再办理验收手续。

（4）全部工程竣工验收　全部工程竣工验收是指全部施工过程完成后，由国家主管部门组织的竣工验收，又称为动用验收。发包人参与全部工程竣工验收。全部工程竣工验收按表7-1进行。

表7-1　全部工程竣工验收

项目	内　容
验收准备	发包人、承包人和其他有关单位均应进行验收准备
预验收	安装工程竣工验收准备工作结束后，由发包人或上级主管部门会同监理人、设计单位、承包人及有关单位或部门组成预验收组进行预验收

（续）

项目	内　　容
正式竣工 验收	安装工程的正式竣工验收是由国家、地方政府、安装工程投资商或开发商及有关单位领导和专家参加的最终整体验收 大中型和限额以上的安装工程的正式验收，由国家投资主管部门或其委托项目主管部门或地方政府组织验收，一般由竣工验收委员会（或验收小组）主任（或组长）主持，具体工作可由总监理工程师组织实施

二、安装工程竣工决算

1. 安装工程竣工决算的概念

竣工决算是以实物数量和货币指标为计量单位，综合反映竣工项目从筹建开始到项目竣工交付使用为止的全部安装费用、投资效果和财务情况的总结性文件，是竣工验收报告的重要组成部分。竣工决算是正确核定新增固定资产价值、考核分析投资效果、建立健全经济责任制的依据，是反映安装工程实际造价和投资效果的文件。通过竣工决算，既能够正确反映安装工程的实际造价和投资结果，又可以通过竣工决算与概算、预算的对比分析，考核投资控制的工作成效，为工程安装提供重要的技术经济方面的基础资料，提高未来工程安装的投资效益。

2. 安装工程竣工决算的作用

安装工程竣工决算的作用如图 7-23 所示。

3. 安装工程竣工决算的内容

安装工程竣工决算应包括从筹建到竣工投产全过程的全部实际支出费用，即市政公用工程费用、安装工程费用、设备工器具购置费用和其他费用等。项目竣工决算的内容主要包括项目竣工财务决算说明书、项目竣工财务决算报表、项目造价分析资料表三部分，下面主要对前两部分进行说明。

（1）项目竣工财务决算说明书
项目竣工财务决算说明书的主要内容如图 7-24 所示。

安装工程竣工决算的作用：
- 是综合、全面地反映竣工项目安装成果及财务情况的总结性文件。它采用货币指标、实物数量、安装工期和各种技术经济指标综合、全面地反映安装工程自开始安装到竣工为止全部安装成果和财务状况
- 是办理交付使用资产的依据，也是竣工验收报告的重要组成部分。安装单位与使用单位在办理交付资产的验收交接手续时，通过竣工决算反映交付使用资产的全部价值，包括固定资产、流动资产、无形资产和其他资产的价值
- 是分析和检查设计概算的执行情况，考核安装工程管理水平和投资效果的依据。竣工决算反映了竣工项目计划、实际的安装规模、安装工期以及设计和实际的生产能力，反映了概算总投资和实际的安装成本，同时还反映了所达到的主要技术经济指标

图 7-23　安装工程竣工决算的作用

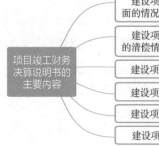

项目竣工财务决算说明书的主要内容：
- 建设项目概况主要是对项目的建设工期、工程质量、投资效果，以及设计、施工等各方面的情况进行概括分析和说明
- 建设项目投资来源、占用（运用）、会计财务处理、财产物资情况，以及项目债权债务的清偿情况等分析说明
- 建设项目资金节超、竣工项目资金结余、上交分配等说明
- 建设项目各项主要技术经济指标的完成比较、分析评价等
- 建设项目管理及竣工决算中存在的问题和处理意见
- 建设项目竣工决算中需要说明的其他事项等

图 7-24　项目竣工财务决算说明书的主要内容

（2）项目竣工财务决算报表　如图 7-25 所示。

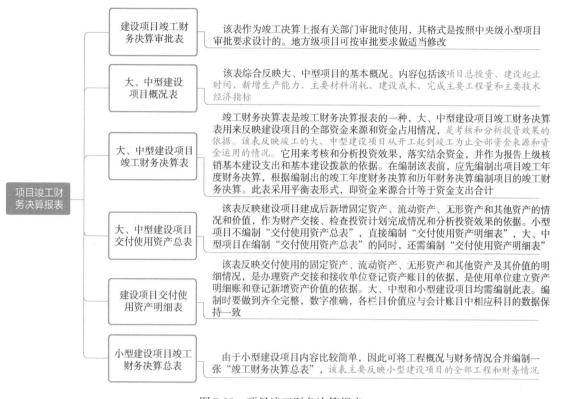

图 7-25　项目竣工财务决算报表

4. 工程竣工图

1）凡按图竣工没有变动的，由承包人（包括总承包和分包承包人，下同）在原施工图上加盖"竣工图"标志后，即作为竣工图。

2）凡在施工过程中，虽有一般性设计变更，但能将原施工图加以修改补充作为竣工图的，可不重新绘制，由承包人负责在原施工图（必须是新蓝图）上注明修改的部分，并附以设计变更通知单和施工说明，加盖"竣工图"标志后，作为竣工图。

3）凡结构形式改变、施工工艺改变、平面布置改变、项目改变以及有其他重大改变，不宜再在原施工图上修改、补充时，应重新绘制改变后的竣工图。

4）为了满足竣工验收和竣工决算需要，还应绘制反映竣工工程全部内容的工程设计平面示意图。

5）重大的改建、扩建工程项目涉及原有的工程项目变更时，应将相关项目的竣工图资料统一整理归档，并在原图案卷内增补必要的说明。

5. 工程竣工造价对比分析

对控制工程造价所采取的措施、效果及其动态的变化需要进行认真的对比，总结经验教训。批准的概算是考核建设工程造价的依据。在分析时，可先对比整个项目的总概算，然后将建筑安装工程费、设备工器具费和其他工程费用逐一与竣工决算表中所提供的实际数据和相关资料及批准的概算、预算指标、实际的工程造价进行对比分析，以确定竣工项目总造价是节约还是超支，并在对比的基础上，总结先进经验，找出节约和超支的内容和原因，提出改进措施。

6. 安装工程竣工决算的编制

安装工程竣工决算的编制如图 7-26 所示。

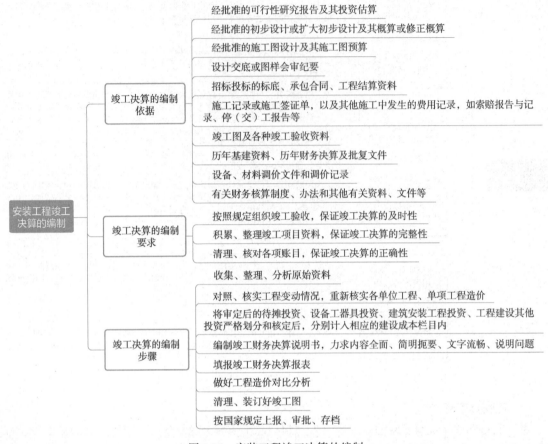

图 7-26　安装工程竣工决算的编制

三、安装工程工程保修

1. 保修的含义

2000 年 1 月，国务院发布的第 279 号令《建设工程质量管理条例》中规定，建设工程实行保修制度。建设工程承包人在向发包人提交工程竣工验收报告时，应当向发包人出具质量保修书。质量保修书应当明确建设工程的保修范围、保修期限和责任等。建设项目在保修期限内和保修范围内发生的质量问题，承包人应履行保修义务，并对造成的损失承担赔偿责任。

2. 保修的意义

工程质量保修是一种售后服务方式，是《中华人民共和国建筑法》和《建设工程质量管理条例》规定的承包人的质量责任，建设工程质量保修制度是国家所确定的重要法律制度，它对于完善建设工程保修制度，促进承包人加强质量管理、改进工程质量，保护用户及消费者的合法权益能够起到重要的作用。

3. 保修的范围

在正常使用条件下，建筑工程的保修范围应包括地基基础工程、主体结构工程、屋面防水工程和其他土建工程，以及电气管线、上下水管线的安装工程，供热、供冷系统工程等项目。一般包括以下问题，如图7-27所示。

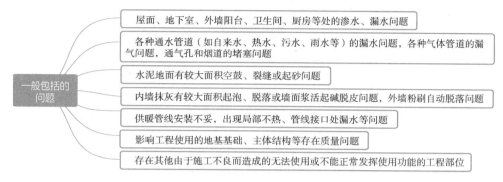

图7-27　一般包括的问题

4. 保修的期限

1）基础设施工程、房屋建筑的地基基础工程和主体结构工程，为设计文件规定的该工程的合理使用年限。

2）屋面防水工程、有防水要求的卫生间、房间和外墙面的防渗漏为5年。

3）供热与供冷系统为2个供热期和供冷期。

4）电气管线、给水排水管道、设备安装和装修工程为2年。

5）其他项目的保修期限由承发包双方在合同中规定。建设工程的保修期自竣工验收合格之日算起。

5. 保修的经济责任

1）因承包人未按施工质量验收规范、设计文件要求和施工合同约定组织施工而造成的质量缺陷所产生的工程质量保修，应当由承包人负责修理并承担经济责任；由承包人采购的建筑材料、建筑构配件、设备等不符合质量要求，或承包人应进行而没有进行试验或检验，进入现场使用造成质量问题的，应由承包人负责修理并承担经济责任。

2）由于勘察、设计方面的原因造成的质量缺陷，由勘察、设计单位负责并承担经济责任，由施工单位负责维修或处理。

3）由于发包人供应的材料、构配件或设备不合格造成的质量缺陷，或发包人竣工验收后未经许可自行改建造成的质量问题，应由发包人或使用人自行承担经济责任；由发包人指定的分包人不能肢解而肢解发包的工程，致使施工接口不好造成质量缺陷的，或发包人、使用人竣工验收后使用不当造成的损坏，应由发包人或使用人自行承担经济责任。承包人、发包人与设备、材料、构配件供应部门之间的经济责任，应按其设备、材料、构配件的采购供应合同处理。

4）2000年6月建设部第80号令《房屋建筑工程质量保修办法》规定，不可抗力造成的质量缺陷不属于规定的保修范围。所以由于地震、洪水、台风等不可抗力原因造成损坏，或非施工原因造成的事故，承包人不承担经济责任。

5）有的项目经发包人和承包人协商，根据工程的合理使用年限，采用保修保险方式。这种方式不需扣保留金，保险费由发包人支付，承包人应按约定的保修承诺，履行其保修职责和义务。

6. 保修的操作方法

（1）发送保修证书（房屋保修卡）　在工程竣工验收的同时（最迟不应超过3d到1周），由承包人向发包人发送建筑安装工程保修证书。保修证书的主要内容如图7-28所示。

（2）填写工程质量修理通知书　在保修期内，工程项目出现质量问题影响使用，使用人应填写工程质量修理通知书告知承包人，注明质量问题及部位、维修联系方式，要求承包人指派人员前往检查修理。修理通知书发出日期为约定起始日期，承包人应在 7d 内派出人员执行保修任务。

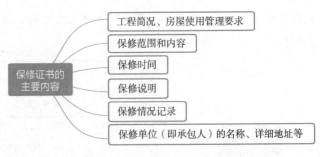

图 7-28　保修证书的主要内容

（3）实施保修服务　承包人接到工程质量修理通知书后，必须尽快派人检查，并会同发包人共同做出鉴定，提出修理方案，明确经济责任，尽快组织人力物力进行修理，履行工程质量保修的承诺。房屋建筑工程在保修期间出现质量缺陷，发包人或房屋建筑所有人应当向承包人发出保修通知，承包人接到保修通知后，应到现场检查情况，在保修书约定的时间内予以保修，发生涉及结构安全或者严重影响使用功能的紧急抢修事故，承包人接到保修通知后，应当立即到达现场抢修。发生涉及结构安全的质量缺陷，发包人或者房屋建筑产权人应当立即向当地建设主管部门报告，采取安全防范措施；由原设计单位或者具有相应资质等级的设计单位提出保修方案；承包人实施保修，原工程质量监督机构负责监督。

（4）验收　在发生问题的部位或项目修理完毕后，要在保修证书的"保修记录"栏内做好记录，并经发包人验收签认，此时修理工作完毕。

7. 保修费用及其处理

（1）保修费用的含义　保修费用是指对保修期间和保修范围内所发生的维修、返工等各项费用支出。保修费用应按合同和有关规定合理确定和控制。保修费用一般可参照建筑安装工程造价的确定程序和方法计算，也可以按照建筑安装工程造价或承包工程合同价的一定比例计算（目前取 5%）。一般工程竣工后，承包人保留工程款的 5% 作为保修费用，保留金的性质和目的是一种现金保证金，目的是保证承包人在执行过程中恰当履行合同的约定。

（2）保修费用的处理　根据《中华人民共和国建筑法》的规定，在保修费用的处理问题上，必须根据修理项目的性质、内容以及检查修理等多种因素的实际情况，区别保修责任。保修的经济责任应当由有关责任方承担，由发包人和承包人共同商定经济处理办法。

建筑施工企业违反该法规定，不履行保修义务的，责令改正，可以处以罚款。在保修期间因屋顶、墙面渗漏、开裂等造成的质量缺陷，有关责任企业应当依据实际损失给予实物或价值补偿。因勘察设计原因、监理原因或者建筑材料、建筑构配件和设备等原因造成的质量缺陷，根据民法规定，施工企业可以在保修和赔偿损失之后，向有关责任者追偿。因建设工程质量不合格而造成损害的，受损害人有权向责任者要求赔偿。因发包人或者勘察设计的原因、施工的原因、监理的原因产生的建设质量问题，造成他人损失的，以上单位应当承担相应的赔偿责任。

第八章　安装工程造价软件应用

第一节　广联达 BIM 安装计量软件 GQI2021 概述

随着社会的进步，造价行业也逐步深化，建筑市场上工程造价计算软件也多种多样，人机的结合使得操作方便，软件包含清单和定额两种计算规则，运算速度快，计算结果精准，为广大工程造价人员提供了巨大方便。现阶段最常见、最常用、最受欢迎及最值得信赖的造价计算软件是广联达软件，其产品被广泛使用于房屋建筑、工业与基础设施三大行业。举世瞩目的奥运鸟巢、上海迪士尼、上海中心大厦、广州东塔等工程中，广联达产品均有深入应用，并赢得好评。下面以广联达 BIM 安装计量软件 GQI2021 为例，简单介绍一下安装计量的操作步骤及运用。

一、BIM 安装计量软件 GQI2021 简介

广联达 BIM 安装计量软件是针对民用建筑安装全专业研发的一款工程量计算软件。GQI2021支持全专业 BIM 三维模式算量和手算模式算量，适用于所有电算化水平的安装造价和技术人员使用，兼容市场上所有电子版图纸的导入，包括 CAD 图纸、REVIT 模型、PDF 图纸、图片等。通过智能化识别，可视化三维显示、专业化计算规则、灵活化的工程量统计、无缝化的计价导入，全面解决安装专业各阶段手工计算效率低、难度大等问题。

二、BIM 安装计量软件 GQI2021 特点

(1) 全专业覆盖　给排水、电气、消防、暖通、空调、工业管道等安装工程的全覆盖。
(2) 智能化识别　智能识别构件、设备，准确度高，调整灵活。
(3) 无缝化导入　CAD、PDF、MagiCAD、天正、照片均可导入。
(4) 可视化三维　BIM 三维建模，图纸信息 360 度无死角排查。
(5) 专业化规则　内置计算规则，计算过程透明，结果专业可靠。
(6) 灵活化统计　实时计算，多维度统计结果，及时准确。

三、BIM 安装计量软件 GQI2021 主界面介绍

1. Ribbon 界面

GQI2021 中的界面功能是以选项卡来区分不同的功能区域，以功能包来区分不同性质的功能，

功能排布符合用户的业务流程，用户按照选项卡、功能包的分类，能够很方便地找到对应的功能按钮，如图8-1所示。

图8-1　Ribbon界面

2. 增加分层机制

GQI2021功能包下增加分层机制，能支持同一楼层空间位置上，不同分层显示不同图纸识别的构件图元，并且不同分层图元在识别时，互不影响。

请注意，同一楼层的不同分层图元均属于当前层，可以通过分层显示进行全部分层查看图元，示意图如图8-2所示。

图8-2　分层机制示意图

3. 宽阔的绘图区域

绘图区域示意图，如图8-3所示。

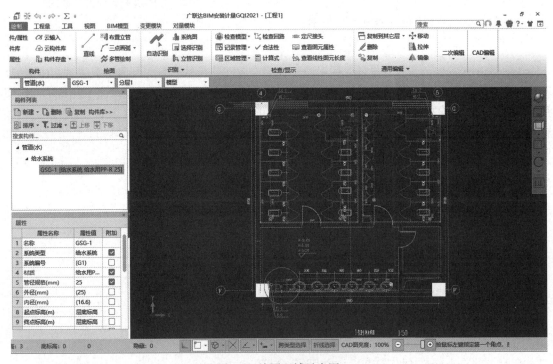

图8-3　绘图区域示意图

（1）选项卡按"算量模块顺序"重新命名　根据业务流程以及用户的操作习惯，将界面进行合理的排布，给用户呈现了一个操作更加便捷，区域更加宽阔的绘图区域；楼层切换、专业切换、构件类型切换。

（2）绘图区导航栏等窗体随意调整位置　鼠标左键点击要调整的泊靠窗体，如图 8-4 所示，按照方向标进行调整位置。可以根据自己的使用习惯进行窗体的泊靠。

（3）绘图区增加"动态三维"快捷操作栏　根据用户的操作系统，增加了快速导航栏，方便用户不用切换页签直接触发视图类功能进行查看图元，如图 8-5 所示。

图 8-4　窗体泊靠示意图　　　　图 8-5　动态三维示意图

第二节　广联达 BIM 安装计量软件 GQI2021 操作流程

第一步：启动软件

点击桌面快捷图标或是通过单击【开始】→【所有程序】→【广联达建筑工程造价管理整体解决方案】即可。

第二步：新建工程

1）点击软件名称，弹出窗体，如图 8-6 所示。

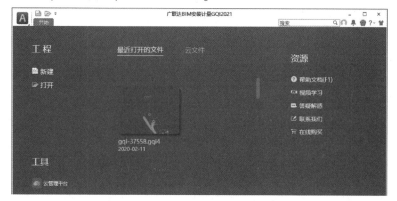

图 8-6　选择软件

2）点击"新建"按钮，如图8-7所示。

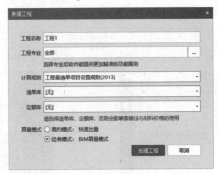

图8-7　创建工程

3）点击"创建工程"后，进入到软件操作主界面，进行下一步操作。

第三步：楼层设置

1）在工程设置选项卡，点击"工程设置"功能包下的"楼层设置"命令，如图8-8所示。

图8-8　楼层设置

2）点击"插入楼层"按钮，进行添加楼层，如图8-9所示。

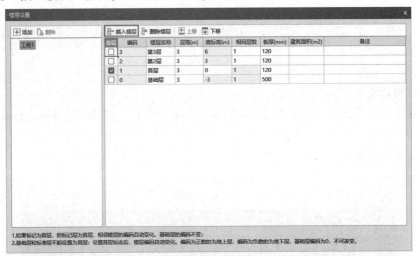

图8-9　插入楼层

第四步：识别图元

广联达BIM安装计量GQI2021软件中，六个专业中识别管道的方法类似，识别设备方法也相同，下面就给排水专业识别管道为例进行演示。

1）在已导入CAD图的情况下，切换到绘制选项卡，选择导航栏"给排水"→"管道（水）"，然后左键点击识别功能包中"选择识别"，如图8-10所示。

2）移动光标到绘图区DN100管道上，点击左键，此时DN100被选中为蓝色，然后点击右键确认，此时弹出"选择要识别成的构件"对话框，如图8 11所示。

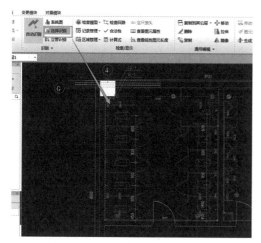

图 8-10　选择识别

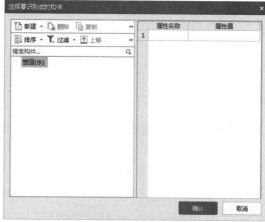

图 8-11　选择构件

3）点击"新建"按钮，然后按图纸要求输入相关属性，如图 8-12 所示，点击"确认"按钮，此管道生成完毕。

第五步：汇总计算

1）点击"汇总计算"功能，弹出"汇总计算"界面，点击"计算"按钮，如图 8-13 所示。

图 8-12　完成识别图元

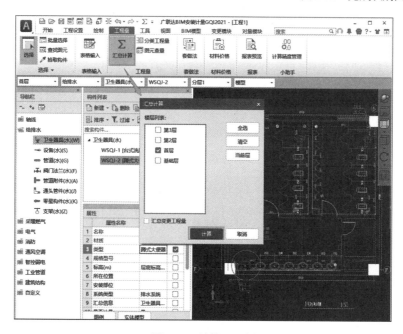

图 8-13　计算工程量

2）屏幕弹出"工程量计算完成"的界面；点击"关闭"按钮，如图 8-14 所示。

图 8-14　工程量计算完成

第六步：打印报表

1）在工程量选项卡选择"报表"功能。

2）在左侧导航栏中选择相应的报表，在右侧就会出现报表预览界面，如图 8-15 所示。

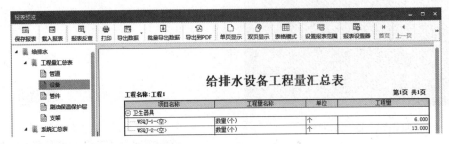

图 8-15　打印报表

3）点击"打印"按钮则可打印该张报表。

第七步：保存工程

1）点击软件窗口上方快速启动栏→"保存"，即可将工程文件保存在本地电脑上，下次可直接打开 GQI 工程文件，以供查量核量，或继续建模算量，如图 8-16 所示。

图 8-16　保存工程

2）点击左上角 A 图标→点击"退出"，即可退出软件，如图 8-17 所示。

图 8-17　退出软件

第九章 安装工程综合计算实例

实例一

某国有企业有一砖混结构的办公楼，共 3 层，层高 3m，其采暖工程施工图如图 9-1 ~ 图 9-4 所示。

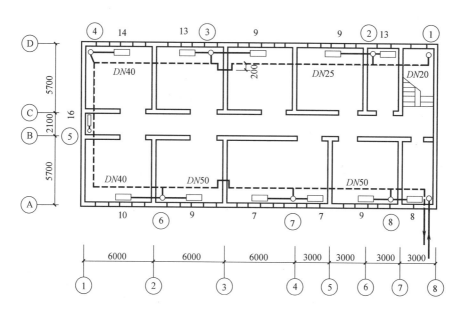

图 9-1 一层采暖平面图

已知：安装工程说明见表 9-1。

表 9-1 安装工程说明

项　目	说　明
管径	在办公楼采暖系统中，1 ~ 8 号立管管径为 DN20，所有支管管径均为 DN15（其余管径见图中标注）
采暖管道	该办公楼室内采暖管道均采用普通焊接钢管： （1）管径大于 DN32 时，采用焊接连接（管道与阀门连接采用螺纹连接） （2）管径小于或等于 DN32 时，采用螺纹连接 （3）室内采暖管道均先除锈后刷一遍防锈漆、两遍银粉漆（室内采暖管道均不考虑保温措施）

（续）

项　　目	说　　明
散热器	散热器采用铸铁四柱813型，散热器在外墙内侧居中安装，一层散热器为挂装，二、三层散热器立于地上。散热器除锈后均刷一遍防锈漆、两遍银粉漆
阀门	入口处采用螺纹闸阀Z15T—16；放气管阀门采用螺纹旋塞阀X11T—16；其余采用螺纹截止阀J11T—16
集气罐	集气罐采用2号（$D=150mm$），为成品安装，其放气管（管径为$DN15$）接至室外散水处
支架	管道采用角钢支架L50×5，支架除锈后，均刷一遍防锈漆、两遍银粉漆
穿墙及穿楼板套管	选用镀锌薄钢板套管，规格比所穿管道大两个等级

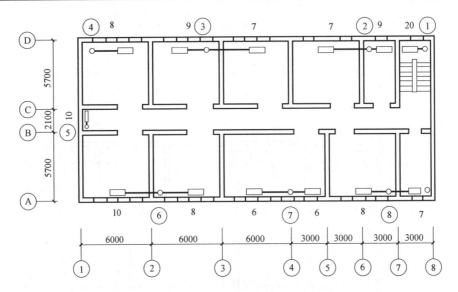

图9-2　二层采暖平面图

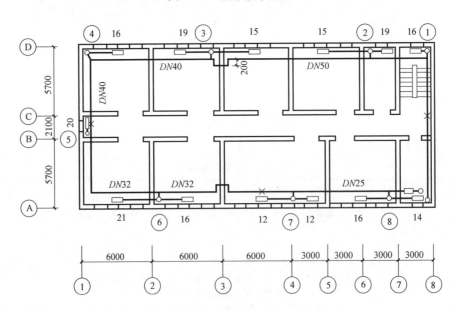

图9-3　三层采暖平面图

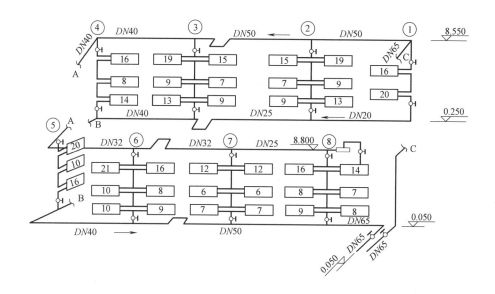

图 9-4　采暖系统图

问题： 计算工程量。

1）图样分析：由平面图与系统图可知，该采暖系统是上供下回单管垂直串联同程式系统。引入管在一层的Ⓐ轴与⑧轴交叉处，穿Ⓐ轴墙入室内接总立管（*DN*65）。

总立管接供水干管在标高为 8.55m 处绕外墙一周，管径由大变小依次有 *DN*65、*DN*50、*DN*40、*DN*32、*DN*25，供水干管末端设有管径为 150mm 的 2 号集气罐。

1、2、3、4 号立管分别设在Ⓓ轴线上的⑧、⑥、③、①轴处，5 号立管设在①轴线上Ⓑ轴处，6、7、8 号立管分别设在Ⓐ轴线上②、④、⑦轴线处。

回水干管设在一层，回水干管始端标高为 0.25m，管径依次为 *DN*20、*DN*25、*DN*40、*DN*50、*DN*65。沿Ⓐ轴和Ⓓ轴的供回水干管中部均设有方形伸缩器。四柱 813 型铸铁散热器的规格为：柱高（含足高 75mm）813mm，进出口中心距 642mm，每小片厚 57mm。

2）工程量计算：根据施工图，按分项依次计算工程量。建筑物墙厚（含抹灰层）取定 280mm，管道中心到墙表面的安装距离取定 65mm，散热器进出口中心距为 642mm，穿墙及楼板的管道采用比管道直径大两个等级的镀锌薄钢板套管。

散热器表面除锈刷油工程量根据其型号，按散热面积计算，管道除锈刷油按其展开面积计算。编写该工程的工程造价。

解：（1）分部分项工程量计算见表 9-2。

表 9-2　分部分项工程量计算表

序号	项目名称	单位	数量	计算公式
一、采暖管道				
1	焊接钢管安装（螺纹连接 *DN*15）	m	163.33	

（续）

序号	项目名称	单位	数量	计算公式
(1)	散热器支管	m	154.37	①号立管上支管：$2 \times 2 \times [1.5 - 0.14($半墙厚$) - 0.065($立管中心距墙$)] - 0.057($每小片厚$) \times 36($总片数$) = 3.128$ ②号立管上支管：$3 \times 2 \times (1.5 + 3) - 0.057($每小片厚$) \times 72($总片数$) = 22.896$ ③号立管上支管：$3 \times 2 \times (3 + 3) - 0.057($每小片厚$) \times 72($总片数$) = 31.896$ ④号立管上支管：$3 \times 2 \times [3 - 0.14($半墙厚$) - 0.065($立管中心距墙$)] - 0.057$（每小片厚）$\times 38($总片数$) = 14.604$ ⑤号立管上支管：$3 \times 2 \times [1.05 - 0.14($半墙厚$) - 0.065($立管中心距墙$)] - 0.057($每小片厚$) \times 46($总片数$) = 2.448$ ⑥号立管上支管：$3 \times 2 \times (3 + 3) - 0.057($每小片厚$) \times 74($总片数$) = 31.782$ ⑦号立管上支管：$3 \times 2 \times (1.5 + 3) - 0.057($每小片厚$) \times 50($总片数$) = 24.150$ ⑧号立管上支管：$3 \times 3 \times (1.5 + 3) - 0.057($每小片厚$) \times 62($总片数$) = 23.466$
(2)	放气管	m	8.96	$0.28($墙厚$) + 0.065 \times 2($立管中心距墙$) + 8.55($排至室外散水处$) = 8.96$
2	焊接钢管（螺纹连接、DN20）	m	57.224	
(1)	①供水立管	m	7.016	$(8.55 - 0.25)($立管上下端标高差$) - 0.642($散热器进出口中心距$) \times 2 = 7.016$
(2)	②~⑧供水立管	m	44.618	$[[(8.55 - 0.25)($立管上下端标高差$) - 0.642($散热器进出口中心距$) \times 3] \times 7$（立管数量）$= 44.618$
(3)	回水干管	m	5.59	$6.0($沿①轴$) - 0.28($两个半墙厚$) - 0.065 \times 2($立管中心距墙$) = 5.59$
3	焊接钢管（螺纹连接、DN25）	m	22.45	
(1)	3层④轴供水干管	m	9.64	按在⑦号立管处变径考虑：$3.0 + 3.0 + 3.0 + 0.14($半墙厚$) + 0.5($集气罐安装长度$) = 9.64$
(2)	1层①轴回水干管	m	12.81	②、③号立管之间：$6.0 + 3.0 + 3.0 + 0.28($两个半墙厚$) + 0.065 \times 2($立管中心距墙$) + 0.2 \times 2($伸缩器侧增长$) = 12.81$
4	焊接钢管（螺纹连接、DN32）	m	23.895	
(1)	沿Ⓐ轴供水干管	m	18.195	$6.0 \times 3 - 0.14($半墙厚$) - 0.065($管中心距墙$) + 0.2 \times 2($伸缩器侧增长$) = 18.195$
(2)	沿①轴供水干管	m	5.70	5.70
5	焊接钢管（焊接、DN40）	m	49.66	
(1)	沿①轴供水干管	m	7.39	$5.7 + 2.1 - 0.28($两个半墙厚$) - 0.065 \times 2($立管中心距墙$) = 7.39$
(2)	沿Ⓓ轴供水干管	m	11.59	$6.0 + 6.0 - 0.28($两个半墙厚$) - 0.065 \times 2($立管中心距墙$) = 11.59$
(3)	回水干管	m	30.68	$6.0 \times 2($沿①轴$) - 0.28($两个半墙厚$) - 0.065 \times 2($立管中心距墙$) + 13.5($沿①轴$) - 0.28($两个半墙厚$) - 0.065 \times 2($立管中心距墙$) + 6.0($沿Ⓐ轴$) = 30.68$
6	焊接钢管（焊接、DN50）	m	39.39	
(1)	沿①轴供水干管	m	18.40	$6.0 + 6.0 + 6.0 + 0.2 \times 2($伸缩器侧增长$) = 18.40$

(续)

序号	项 目 名 称	单位	数量	计 算 公 式
(2)	回水干管	m	20.99	$6.0 \times 3 + 3.0$(沿Ⓐ轴) $- 0.28$(两个半墙厚) $- 0.065 \times 2$(立管中心距墙) $+ 0.2 \times 2$(伸缩器侧增长) $= 20.99$
7	焊接钢管(焊接、DN65)	m	28.28	
(1)	管道引入管	m	1.845	1.5(室内外采暖管道分界点至外墙皮) $+ 0.28$(墙厚) $+ 0.065$(立管中心距墙) $= 1.845$
(2)	采暖总立管	m	8.50	$8.55 - 0.05 = 8.50$(总立管上下端高差)
(3)	沿Ⓑ轴总干管	m	13.09	$13.5 - 0.28$(墙厚) $- 0.065 \times 2$(立管中心距墙) $= 13.09$
(4)	回水干管、排出管	m	4.845	$3.0 + 0.065$(立管中心距墙) $+ 0.28$(墙厚) $+ 1.5$(墙外皮至室内外分界点) $= 4.845$
二、散热器				
	四柱813型散热器安装	片	450	1层124片,2层115片,3层211片。其中挂装124片(1层),立于地上326片,共450片
三、阀门				
1	闸阀安装 Z15T—16,DN65	个	2	2(出入口处)
2	截止阀安装 J11T—16,DN20	个	16	2(立管上下端)×8(立管数) = 16
3	旋塞阀安装 X11T—16,DN15	个	1	1(集气罐放气阀)
四、套管制作				
1	镀锌薄钢板套管制作 DN25	个	24	4(散热器支管 DN15 穿墙)×3×2 = 24
2	镀锌薄钢板套管制作 DN32	个	16	8(立管 DN20 穿楼板)×2 = 16
3	镀锌薄钢板套管制作 DN32	个	1	1(回水干管 DN20 穿墙)
4	镀锌薄钢板套管制作 DN40	个	5	5(供回水干管 DN25 穿墙)
5	镀锌薄钢板套管制作 DN50	个	3	3(供回水干管 DN32 穿墙)
6	镀锌薄钢板套管制作 DN65	个	6	6(供回水干管 DN40 穿墙)
7	镀锌薄钢板套管制作 DN80	个	9	9(供回水干管 DN50、DN65 穿墙)
8	镀锌薄钢板套管制作 DN25	个	1	1(放气管 DN15 穿墙)

(续)

序号	项目名称	单位	数量	计算公式
五、其他				
1	集气罐制作安装DN150	个	1	1
2	方形伸缩器制作DN32	个	2	2
3	方形伸缩器制作DN50	个	2	2
4	支架制作安装	kg	22.62	管径大于DN32的管道支架:6(采暖干管),3(回水干管),3(总立管) 固定支架:3 15×0.4(支架长度)×3.77(理论质量)=22.62
六、除锈刷油				
1	焊接钢管人工除轻锈	m²	41.39	DN15:163.33×0.0213×3.14=10.92 DN20:57.224×0.0268×3.14=4.82 DN25:22.45×0.0335×3.14=2.36 DN32:23.9×0.0423×3.14=3.17 DN40:49.66×0.048×3.14=7.48 DN50:33.39×0.06×3.14=6.29 DN65:26.78×0.0755×3.14=6.35
2	柱型散热器除锈	m²	126.00	0.28(每片散热面积)×450(总片数)=126.00
3	焊接钢管刷防锈漆第一遍	m²	39.90	刷油面积=除锈面积=39.90
4	焊接钢管刷银粉漆第一遍	m²	39.90	刷油面积=除锈面积=39.90
5	焊接钢管刷银粉漆第二遍	m²	39.90	刷油面积=除锈面积=39.90
6	柱型散热器刷防锈漆第一遍	m²	126.00	刷油面积=除锈面积=126.00
7	柱型散热器刷银粉漆第一遍	m²	126.00	刷油面积=除锈面积=126.00
8	柱型散热器刷银粉漆第二遍	m²	126.00	刷油面积=除锈面积=126.00
9	角钢支架人工除轻锈	kg	22.62	除锈工程量=支架质量=22.62
10	角钢支架刷防锈漆第一遍	kg	22.62	刷油工程量=支架质量=22.62
11	角钢支架刷银粉漆第一遍	kg	22.62	刷油工程量=支架质量=22.62
12	角钢支架刷银粉漆第二遍	kg	22.62	刷油工程量=支架质量=22.62

（2）分部分项工程工程量清单与计价见表9-3。

表9-3 分部分项工程工程量清单与计价表

项目名称：某办公楼采暖工程

序号	名称及规格	单位	数量	预算价	合计/元
1	角钢∟50×5	kg	23.98	3.10	74.34
2	集气罐	个	1.00	24.00	24.00
3	铸铁散热器 柱型	片	125.24	32.00	4007.68
4	铸铁散热器 柱型	片	225.27	32.00	7208.64
5	旋塞阀门 DN15	个	1.01	9.00	9.09
6	螺纹截止阀门 DN20	个	16.16	10.00	161.60
7	螺纹闸阀 DN65	个	2.02	70.00	141.40
8	焊接钢管 DN15	m	166.60	6.50	1082.90
9	焊接钢管 DN20	m	58.36	9.50	554.42
10	焊接钢管 DN25	m	22.90	13.00	297.70
11	焊接钢管 DN32	m	24.38	26.00	633.88
12	焊接钢管 DN40	m	50.65	24.50	1240.93
13	焊接钢管 DN50	m	34.06	27.00	919.62
14	焊接钢管 DN65	m	27.32	38.00	1038.16
15	酚醛防锈漆	kg	17.76	11.40	202.46
合计					17596.82

（3）建筑安装工程预算见表9-4。

表9-4 建筑安装工程预算表

工程项目名称	工程量		定额直接费/元		其中人工费/元		未计价材料				
	单位	工程量	基价	合价	基价	合价	材料名称	单位	材料用量	单价/元	合价/元
集气罐安装 DN150以内	个	1.000	11.31	11.31	5.67	5.67	集气罐	个	1.00	24.00	24.00
室内焊接钢管（螺纹连接）DN15以内	10m	16.333	90.26	1474.22	38.43	627.68	焊接钢管 DN15	m	166.60	6.50	1082.90
室内焊接钢管（螺纹连接）DN20以内	10m	5.722	96.16	550.23	38.43	219.90	焊接钢管 DN20	m	58.36	9.50	554.46
室内焊接钢管（螺纹连接）DN25以内	10m	2.245	121.76	273.36	46.20	103.72	焊接钢管 DN25	m	22.90	13.00	297.69
室内焊接钢管（螺纹连接 DN32以内）	10m	2.390	127.29	304.22	46.20	110.42	焊接钢管 DN32	m	24.38	26.00	633.83
室内钢管（焊接）DN40以内	10m	4.966	88.37	438.85	38.01	188.76	焊接钢管 DN40	m	50.65	24.50	1241.00

（续）

工程项目名称	工程量		定额直接费/元		其中人工费/元		未计价材料				
	单位	工程量	基价	合价	基价	合价	材料名称	单位	材料用量	单价/元	合价/元
室内钢管（焊接）DN50 以内	10m	3.939	101.08	398.15	41.79	164.61	焊接钢管 DN50	m	34.06	27.00	919.56
室内钢管（焊接）DN65 以内	10m	2.828	155.74	440.43	47.04	133.03	焊接钢管 DN65	m	27.32	38.00	1037.99
室内镀锌薄钢板套管制作 DN25 以内	个	25	2.23	55.75	0.63	15.75					
室内镀锌薄钢板套管制作 DN32 以内	个	17	3.97	67.49	1.26	21.42					
室内镀锌薄钢板套管制作 DN40 以内	个	5	3.97	19.85	1.26	6.30					
室内镀锌薄钢板套管制作 DN50 以内	个	3	3.97	11.91	1.26	3.78					
室内镀锌薄钢板套管制作 DN65 以内	个	6	5.95	35.70	1.89	11.34					
室内镀锌薄钢板套管制作 DN80 以内	个	9	5.95	53.55	1.89	17.01					
管道支架制作安装一般管架	100kg	0.226	847.39	191.51	212.94	48.12	角钢L 50×5	kg	23.98	3.10	74.33
方形伸缩器制作安装 DN32 以内	个	2	49.92	99.84	12.81	25.62					
方形伸缩器制作安装 DN50 以内	个	2	80.42	160.84	20.16	40.32					
螺纹阀 DN15 以内	个	1	6.8	6.80	2.10	2.10	旋塞阀门 DN15	个	1.01	9.00	9.09
螺纹阀 DN20 以内	个	16	8.2	131.20	2.10	33.60	螺纹截止阀门 DN20	个	16.16	10.00	161.60
螺纹阀 DN65 以内	个	2	33.39	66.78	7.77	15.54	螺纹闸阀 DN65	个	2.02	70.00	141.40
铸铁散热器组成安装	10 片	12.400	59.78	741.27	12.81	158.84	铸铁散热器 M132	片	125.24	32.00	4007.68
柱型铸铁散热器组成安装	10 片	32.600	118.24	3854.62	8.69	283.29	铸铁散热器柱型	片	225.27	32.00	7208.51
手工除锈管道轻锈	10m²	4.139	16.18	66.97	7.14	29.55					
手工除锈角钢支架轻锈	100kg	0.226	22.25	5.03	7.14	1.61					

（续）

工程项目名称	工程量		定额直接费/元		其中人工费/元		未计价材料				
	单位	工程量	基价	合价	基价	合价	材料名称	单位	材料用量	单价/元	合价/元
手工除锈散热器轻锈	10m²	12.600	17.02	214.45	7.56	95.26					
管道刷油防锈漆第一遍	10m²	4.139	12.44	51.49	5.67	23.47	酚醛防锈漆	kg	5.16	11.40	58.83
管道刷油银粉漆第一遍	10m²	4.139	16.28	67.38	5.88	24.34	酚醛清漆	kg	1.42	9.24	13.10
管道刷油银粉漆第二遍	10m²	4.139	15.44	63.91	5.67	23.47	酚醛清漆	kg	1.30	9.24	12.01
铸铁散热器片刷油防锈漆第一遍	10m²	12.600	15.01	189.13	6.93	87.32	酚醛防锈漆	kg	12.60	11.60	143.64
铸铁散热器片刷油银粉漆第一遍	10m²	12.600	19.32	243.43	7.14	89.96	酚醛清漆	kg	5.40	9.24	49.90
铸铁散热器片刷油银粉漆第二遍	10m²	12.600	18.3	230.58	6.93	87.32	酚醛清漆	kg	4.92	9.24	45.46
系统调整费	元	1	379.76	379.76	63.35	63.35					
脚手架搭拆费	元	1	131.83	131.83	26.39	26.39					
合计	元			11031.84		2788.86					17716.98

（4）工程费用计算见表9-5。

表9-5 工程费用计算表

序号	费用名称	取费基数	费率（%）	金额/元
1	综合计价合计	∑（分项工程量×分项子目综合基价）		11031.84
2	计价中人工费合计	∑（分项工程量×分项子目综合基价中人工费）		2788.86
3	未计价材料费用	主材费合计		17716.98
4	施工措施费	[5]+[6]		
5	施工技术措施费	其费用包含在[1]中		
6	施工组织措施费			
7	安全文明施工增加费	（人工费合计）×7%	7.00	195.22
8	差价	[9]+[10]+[11]		
9	人工费差价	不调整		
10	材料差价	不调整		
11	机械差价	不调整		
12	专项费用	[13]+[14]		948.21
13	社会保险费	[2]×33%	33.00	920.32

（续）

序号	费用名称	取费基数	费率（%）	金额/元
14	工程定额测定费	[2]×1%	1.00	27.89
15	工程成本	[1]+[3]+[4]+[8]+[12]		29697.03
16	利润	[2]×38%	38.00	1059.77
17	其他6项目费	其他项目费		
18	税金	[15]+[16]+[17]×3.413%	3.413	1049.73
19	工程造价	[15]+[16]+[17]+[18]		31806.53
含税工程造价：叁万壹仟捌佰零陆元伍角叁分				31806.53

实例二

某市新建一栋办公楼，该楼的消防工程为包工包料，该办公楼为框剪结构，共6层，层高2.8m，建筑面积为5120m²。

已知：

1）该工程采用工程量清单方式招标，于2019年9月1日开工，工程地点在市区，施工现场已具备安装条件，材料运输方便，施工形式为包工包料。

2）招标文件中给定的工程量清单见表9-6。

表9-6 招标文件中给定的工程量清单

序号	项目名称	单位	数量
一	室内消火栓系统		
1	无缝钢管 φ108×4.5mm 焊接连接 水冲洗	m	860.00
2	双栓消火栓 SN65（铝合金箱）	套	110.00
二	室内水喷淋系统		
1	镀锌钢管 DN100 螺纹连接 管网水冲洗	m	540.00
2	闭式喷头 DN15 吊顶下安装	个	415.00
3	点式感烟探测器（总线制）	只	40

3）招标文件中确定的材料暂估价：无缝钢管（各种规格）5000元/t，镀锌钢管（各种规格）3600元/t。

4）2018年9月省造价管理总站发布的材料信息价：无缝钢管 φ108×4.5mm，5100元/t；镀锌钢管 DN100，3800元/t。

5）可竞争措施项目仅计取脚手架搭拆费和冬雨期施工增加费。

问题：按照上述已知的条件，计算该工程最高限价并编写相应的表格（φ108×4.5mm 无缝钢管：11.49kg/m，DN100 镀锌钢管：10.85kg/m，其余未计价材料不计价）；计算消火栓系统。

解：（1）分部分项工程工程量清单与计价见表9-7。

（2）措施项目清单与计价见表9-8。

表 9-7　分部分项工程工程量清单与计价表

序号	项目编码	项目名称	项目特征	计量单位	工程数量	综合单价	合价
1	030701004001	消火栓钢管	室内 无缝钢管 φ108×4.5mm 焊接 水冲洗	m	860	92.38	79447.83
2	030701018001	消火栓	室内 双栓 SN65	套	110	60.91	6700.1
合计			—	—	—		

表 9-8　措施项目清单与计价表

项目编码	项目名称	金额/元
	一　不可竞争措施项目	
	安全生产文明施工	2230.14
	二　可竞争措施项目	
	脚手架搭拆费	961.18
	冬雨期施工增加费	758.95
	合计	3950.27

（3）主要材料、设备明细见表 9-9。

表 9-9　主要材料、设备明细表

序号	编码	名称	规格型号	单位	数量	单价/元	合价/元	备注
1		材料	—	—	—	—	—	—
1.1		无缝钢管	φ108×4.5mm	m	860×1.02=877.2	(5000/1000)×11.49=57.45	50395.14	
1.2		镀锌钢管	DN100	m	540×1.02=550.8	(3600/1000)×10.85=39.06	21514.248	
		小计		—	—	—	—	
		合计		—	—	—	—	

（4）分部分项工程工程量清单综合单价分析见表 9-10。

表 9-10　分部分项工程工程量清单综合单价分析表

项目编号 （定额编号）	项目名称	单位	数量	综合单价/元	合价/元	综合单价组成/元			
						人工费	材料费	机械费	管理费和利润
030701004001	消火栓钢管	m	860	79447.83/860=92.38	79447.83	(89.6×86+25.2×8.6)/860=9.21	(643.38×86+24.42×8.6)/860=64.58	10.65	(78.42×86+10.08×8.6)/860=7.94
8-173	室内钢管焊接	10m	86	917.86	78935.96	89.6	57.39+10.2×57.45=643.38	106.46	(89.6+106.46)×40%=78.42
8-359	水冲洗	100m	8.6	59.52	511.87	25.2	24.52-2×0.14=24.24		25.2×40%=10.08
小计	人+机　八册 7922.32+9155.56 =17077.88	元			79447.83	7922.32		9155.56	

（续）

项目编号 （定额编号）	项目名称	单位	数量	综合单价 /元	合价 /元	综合单价组成/元			
						人工费	材料费	机械费	管理费和利润
030701018001	消火栓	套	110	60.91	6700.1	32.8	13.48	1.08	13.55
7-129	消火栓双栓65	套	110	47.36 + 13.55 = 60.91	6700.1	32.8	13.48	1.08	(32.8 + 1.08) × 40% = 13.55
小计	人+机 七册 (32.8 + 1.08) × 110 = 3726.8	元							

（5）措施项目费分析见表9-11。

表9-11 措施项目费分析表

项目编号 （定额编号）	项目名称	单位	数量	综合单价 /元	合价 /元	综合单价组成/元			
						人工费	材料费	机械费	管理费和利润
脚手架搭拆费									
8-878		元	人+机 17077.88	17077.88 × 4.2% + 71.73 = 789.0		17077.88 × 1.05% = 179.32	17077.88 × 3.15% = 537.95		17077.88 × 1.05% × 40% = 71.73
7-258		元	人+机 (32.8 + 1.08) × 110 = 3726.8	3726.8 × 4.2% + 15.65 = 172.18		3726.8 × 1.05% = 39.13	3726.8 × 3.15% = 117.39		3726.8 × 1.05% × 40% = 15.65
小计		元		961.18		218.45	655.34		87.38
冬雨期施工增加费									
8-904			人+机 17077.88	17077.88 × 3% +110.66 = 623		17077.88 × 1.62% = 276.66	17077.88 × 1.38% = 235.67		17077.88 × 1.62% × 40% = 110.66
7-262			人+机 (32.8 + 1.08) × 110 = 3726.8	3726.8 × 3% +24.15 = 135.95		3726.8 × 1.62% = 60.37	3726.8 × 1.38% = 51.43		3726.8 × 1.62% ×40% = 24.15
小计		元		758.95		337.03	287.1		134.81
安全防护文明施工费									
8-913			人+机 17077.88 + 179.32 = 17257.2	17257.2 × 9.24% + 236.08 = 1830.65		17257.2 × 2.5% = 431.43	17257.2 × 5.82% = 1004.37	17257.2 × 0.92% = 158.77	17257.2 × (2.5% + 0.92%) ×40% =236.08
7-270		元	人+机 3726.8 + 39.13 = 3765.93	3765.93 × 9.24% + 51.52 = 399.49		3765.93 × 2.5% = 94.15	3765.93 × 5.82% = 219.18	3765.93 × 0.92% = 34.65	3765.93 × (2.5% + 0.92%) ×40% =51.52
小计		元		2230.14		525.58	1223.55	193.42	287.6

参 考 文 献

[1] 中华人民共和国住房和城乡建设部，国家质量监督检验检疫总局．建设工程工程量清单计价规范：GB 50500—2013 [S]．北京：中国计划出版社，2013．

[2] 中华人民共和国住房和城乡建设部．通用安装工程工程量计算规范：GB 50856—2013 [S]．北京：中国计划出版社，2013．

[3] 本书编委会．建筑工程造价速成与实例详解 [M]．北京：化学工业出版社，2012．

[4] 杨庆丰．建筑工程招投标与合同管理 [M]．北京：机械工业出版社，2012．

[5] 王和平．安装工程工程量清单计价原理与实务 [M]．北京：中国建筑工业出版社，2010．

[6] 赵莹华．例解安装工程工程量清单计价 [M]．武汉：华中科技大学出版社，2010．